日本一のブリーダーが教える

メダカの育て方と繁殖術

監修 青木崇浩

日東書院

はじめに

メダカを愛する全ての人のために

この本は、メダカ飼育の参考書となる本です。
つまり、メダカ飼育を楽しむための規則です。
飼育の方法をできるだけわかりやすく、繁殖において皆さんが悩むこと、
交配のことなどを体系的に説明しています。

この本の大きな特徴は、プロの飼育・繁殖方法を強く意識した点です。
皆さんが、コツを掴み少しずつ飼育・繁殖を楽しめるようになるためには
どのような方法が必要なのだろうか、ということを考えながら書きました。
そのため、一般的な飼育方法だけでなく、メダカの飼育・繁殖を
長年経験した者でしか知り得ない情報も多く紹介しています。
もちろん基本的な内容も踏襲していますので、
これからメダカを飼いはじめる人にもきっと役に立つでしょう。

これまでにいくつかの飼育書が出版されていますが、
それらを読んでも記述が短くて物足りなかった人、
あるいは難しくて分からなかった人にも満足いただけるようにと思っています。

めだかやドットコム 青木崇浩

本書の見方

本書にしか掲載していないプロの情報を分かりやすく紹介していますので、ぜひメダカの飼育や繁殖に役立てましょう。

図鑑の見方

メダカの名前

個体の色や型によって、名前が付けられています。名前は、地域や販売店などによって異なる場合もあります。

メダカの種類

メダカの種類ごとに分けて紹介しています。定番の種類のメダカから、とても珍しいメダカまでを紹介しています。

メダカの色

写真で掲載しているメダカの色をわかりやすくアイコンにしました。

固定率

種類ごとの固定率を紹介。色合いや体型など親メダカの形質が子供に受け継がれることを「固定化」と言い、その同形質を受け継いだ子供がどれだけ産まれてくるのかの確率を「固定率」と言います。

上手に飼育するコツ

プロの視点から、上手に飼育したり繁殖するためのコツを紹介しています。

飼育の難易度

健康なメダカに育てるための、飼育のしやすさを難易度で示しました。ただし、体型を美しく育てたり、光り方などの特徴をよりよく出すための難易度ではありません。

内容ページの見方

CHECK

覚えておきたい内容や、ちょっとした飼い方のコツをわかりやすくポイントにまとめました。

注意

特に注意するべきこと、簡単にをまとめて、わかりやすく紹介しています。

先生からのアドバイス

本誌著者の青木先生が、とくに注意する点や覚えておいた方がいい知識などを解説しています。

目次

メダカ図鑑

第1章

上級を目指す人のための飼育方法

第2章

メダカの繁殖の基礎知識

第3章

新種のメダカを作る

第4章

上級を目指す人のためのメダカのエサ

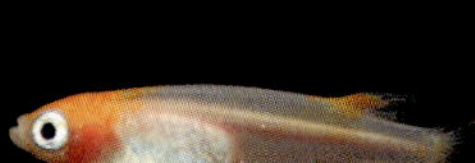

第5章

メダカの生態を知る

第6章

メダカの病気

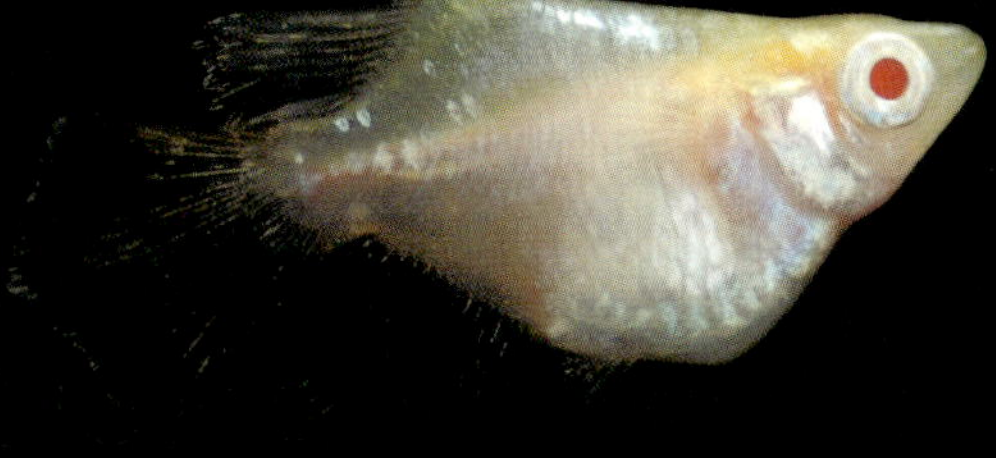

メダカ図鑑

黒メダカを原点とし、これまでに
様々な品種のメダカが作出されてきました。
突然変異の固定化に、交雑による改良……。
こうして誕生してくる新種メダカは、
いわば愛好家たちの努力の結晶のようなものです。
ここでは、その中でも代表的な
品種を紹介します。

固定率とは…

色合いや体型など親メダカの形質が子供に受け継がれることが「固定化」と言い、その同形質を受け継いだ子供がどれだけ産まれてくるかの確率を「固定率」と言います。

体色、体型、顔にヒレ 品種は見た目で決められる

例えばセルフィンメダカ同士の子どもでも、背びれが分かれていなければ、それはセルフィンメダカとは認められません。一方で、ヒメダカ同士の子どもでも、見た目に突然変異が出れば、それは違う品種として扱われます。

このように、メダカの世界の「品種」とは、あくまでも見た目の違いを区別するためにあります。珍しい体色をしている、体型が普通と違うといった特徴を「品種」として一般的に呼び分けているのです。

またメダカの品種には、正式名称が存在しません。ここで使用している名称も一般的な呼び名に過ぎないので、ご注意ください。

メダカの色と形を知る

メダカの種類はその体型や色によって分かれています。代表的な色と体型の知識を身につけましょう。

普通種のカラーメダカ（黄メダカ、青メダカ、白メダカ、茶メダカ）、アルビノの色について

普通種はとても強く繁殖が容易なため、初心者が飼うのに最も適した個体と言えます。メダカには3つの色素があります。その中の黒色素胞、黄色素胞、白色素胞の3つの色素を持っているかいないかで、メダカの色が決まります。

黄メダカはは白色と黄色の色素により構成されていて、黄色色素の濃淡により色合いは変化します。例えば黄色色素が強くでると楊貴妃の様な個体になります。琥珀メダカは白、黒、黄の全ての色素を持っており、その中の黄色色素が強くでているためオレンジ色の様な色合いになります。

青メダカは白色と黒色の色素により構成されていて体色は灰色ですが、ひかりの反射などにより青く見えるため青メダカと言います。

白メダカは白色色素のみを持っている個体です。

また、アルビノメダカは、生まれつきメラニン色素のない個体のことをいいます。目にも色素が含まれていないので、血管が透き通り赤い目に見えます。

メダカの大きさ（実物大）

メダカは成魚で、3～4cmの大きさです。

メダカの色

アルビノメダカ

白メダカ

茶メダカ

青メダカ

黄メダカ

メダカの体型

ヒカリメダカ

突然変異で目の縁や腹にある虹色素胞が背中に移り、背が光に反射するメダカです。背びれと尾びれの形が普通種と異なり背びれは尻びれと同じ形をし、尾びれはひし形をしています。写真はスカイブルーヒカリメダカ。

ヒカリダルマメダカ

ヒカリとダルマの特徴を同時に持ち合わせているとても珍しい個体です。風船の様にふくれた体で背の部分がピカピカと光ります。背びれや尾びれの特徴もホタルメダカと同じで普通種とは異なります。 写真は青ヒカリダルマメダカ。

ダルマメダカ

別名“縮みメダカ”　環境変化により脊椎が癒着し、この様な体形をしています。高温下で変異して体が縮んでしまったと言われています。見た目や、泳ぎ方が可愛らしく大変人気のあるメダカです。写真はピュアホワイトダルマメダカ。

○黒メダカ

飼育の難易度 ★☆☆☆☆ 固定率 99%

童謡にも歌われる日本古来の野生メダカ

天然（野生）のメダカのことです。日本に古くから生息し、「日本メダカ」とも呼ばれています。かつては、北海道をのぞく日本中の小川でその姿を発見できましたが、水質汚染や住処の消失などによって個体数が減少。現在では、環境省により絶命危惧種に指定されています。生息している地域や川によって、細かな違いが見られます。

黄ヒカリ
メダカ

黄メダカ

黄透明鱗
メダカ

黄メダカ

飼育の難易度 ★★★★★　固定率 99%

カラーメダカの代表選手
メダカ飼育の登竜門

黄色い色素が強くでて、身体が黄身を帯びているのが特徴。身体に光沢があるヒカリや、黄透明鱗は美しい色合いで目を引きます。

黄メダカをはじめ、青メダカや白メダカなど体色によって名前が変わるカラーメダカは、その原種はどれも黒メダカですが、色素胞の欠損や発達のバランスにより、それぞれに異なる体色となります。

良い個体の条件と上手に飼育・繁殖させるコツ

黄メダカを含む、カラーメダカの飼い方は基本的に同じ。順応性が高く、もともと体も丈夫であるため、飼育も繁殖も容易にできる。体が丈夫で繁殖も上手。流通量が多く値段も手頃なので、メダカを飼ったことのない初心者におすすめ。

●茶メダカ

飼育の難易度 ★☆☆☆☆　固定率 99%

いつまでも眺めていたい
光沢のある美しい姿が魅力

落ち着いたその色合いは、黄色と黒の色素によって、茶色に見えるメダカです。光沢がある茶ヒカリは中でもとくに美しくファンも多い種類です。

茶ヒカリ
ダルマメダカ

茶ヒカリ

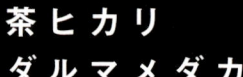

黄金ヒカリメダカ

黄金メダカ(黒)

黄金ヒカリダルマメダカ

黄金メダカ

飼育の難易度 ★☆☆☆☆　固定率 70〜95%

濃い黄金と淡い黄金 あなたの好みはどっち?

2001年の作出以来、根強い人気を誇る黄金メダカ。一見茶メダカに似ていますが、暗い色の容器に入れると黄金色が際立ち、違いがよくわかります。カラーメダカに比べるとやや高値ですが、飼育にあたって特に注意点はなく、初心者にもおすすめです。深い黄金色と薄黄金色の2種類のタイプが存在します。

良い個体の条件と上手に飼育・繁殖させるコツ

飼育方法は、カラーメダカと同じでOK。繁殖の際は、楊貴妃メダカと同様に親選びがポイントになる。より鮮やかな黄金色の個体を選出し、親メダカにするのがおすすめ。体の緑黄色が強い個体ほど、優れた黄金メダカとされている。

楊貴妃ダルマメダカ

楊貴妃メダカ

●楊《よう》貴《き》妃《ひ》メダカ

飼育の難易度 ★☆☆☆☆　固定率 95%以上

固定率　90～99%（普通種）
70～90%（ヒカリ、ダルマ、ヒカリダルマ）

世界三代美女の名を授かる美しい朱赤のフォルム

最大の特徴は、透明感のある朱赤の体色。ピンクの地色を持ち、その神秘的な美しさから「楊貴妃」の名がつきました。稚魚の頃にはまだ淡い体色も、成長とともに濃さを増し、産卵期にはより鮮やかな朱赤となります。2004年に作出されてからもなお、金魚のような赤の発色を目指し、品種改良が繰り返されています。

良い個体の条件と上手に飼育・繁殖させるコツ

楊貴妃メダカを繁殖させる場合、やはり気になるのは稚魚（子）の発色。鮮やかな朱赤を出すためには、成魚（親）選びがポイントとなる。もっとも朱赤が際立つ繁殖期に、より濃い色の個体をピックアップ。その個体を親にしてみよう。

楊貴妃アルビノ

楊貴妃ヒカリメダカ

琥珀メダカ

琥珀《こはく》メダカ

飼育の難易度 ★☆☆☆☆　固定率 70～95%

琥珀の体に橙の尾びれが特徴。黄金メダカの改良種

作出は2004年。黄金メダカの改良種として誕生しました。黄金メダカと楊貴妃メダカの中間とも言える琥珀色の体色で、尾びれは鮮烈なオレンジ色。黒の色素が強いほど琥珀色が際立ち、理想的な個体とされます。飼育は簡単で、固定率も高めですが、本当に美しい琥珀色の個体は、わずか10%程しか誕生しません。

良い個体の条件と上手に飼育・繁殖させるコツ

固定率が高いとされる琥珀メダカだが、理想的な琥珀色に限れば、固定率は10%程にまで激減する。真の琥珀色を目指すなら、あらかじめ薄琥珀の個体は除いて、琥珀色の濃い個体だけで繁殖させたほうが、誕生の確率は上がる。

琥珀透明鱗
ヒカリメダカ

琥珀ヒカリ
メダカ

オレンジ系
ブチメダカ

白系ブチメダカ

ブチメダカ

飼育の難易度 ★☆☆☆☆　固定率 80%

みんな違った
ブチ模様の違いを
観察してみよう

もともとの体色に、黒の色素が斑模様に入ったブチメダカ。ブチの入り方は完全にランダムで、1匹として同じ柄のものは存在しません。

昔ながらのメダカで希少価値は高くないですが、最近では黒色素の濃い個体や模様がびっしりと入った個体なども登場し、再び人気が出てきています。丈夫で繁殖も上手なので、初心者にもおすすめです。

オレンジ系
ブチメダカ（全体）

ブチダルマメダカ（全体）

紅白メダカ（2色）

紅白メダカ（2色）

●朱赤透明鱗《しゅあかとうめいりん》メダカ

飼育の難易度 ★★★★★　固定率 5～10%

固定率わずか10%の超希少な種。ミニチュアの鯉のよう

白の体に、赤（オレンジ）の色素を散りばめた紅白メダカ。さらにそこに黒のブチが加わった錦メダカ。どちらも成長とともに色が揚がり、Mサイズになる頃にはより柄がはっきりとしてきます。体型は透明鱗普通種が基本で、その姿から「ミニチュアの鯉」とも言われています。固定率10%以下と、非常に希少価値の高いメダカです。

紅白ラメメダカ

（メス）

（オス）

錦メダカ（3色）

黄スモールアイ
メダカ

スモールアイメダカ

飼育の難易度 ★★★★★　固定率 3%〜

個性的なその風貌が人気。別名はずばり「男前メダカ」

出現率の低い、貴重な変異種。名前の通り目が小さく、ほとんど視力はありません。そのためエサを食べるのが下手で、他の種類のメダカと同じ水槽で飼育するのは困難。保護色機能が鈍く、様々な体色の個体を作出しやすいのも特徴で、現在も新色が登場しています。「男前メダカ」「点目メダカ」との呼び名もあります。

良い個体の条件と上手に飼育・繁殖させるコツ

目が見えないためエサを上手に摂れず、成魚になる前に餓死してしまう可能性が高い。なので、スモールアイ種以外のメダカを同じ水槽に入れないこと。またスモールアイを繁殖させたい場合は、アルカリ性（pH８以上）の水で飼育してあげれば、遺伝率が上がるので試してみよう。

青スモールアイ
メダカ

アルビノ
スモールアイ
メダカ

黄透明鱗スモールアイメダカ

アルビノ
ヒカリメダカ

●アルビノメダカ

飼育の難易度 ★★★★★　固定率 99%～

儚く、そして美しい 色素を持たぬ神秘のメダカ

アルビノとは、メラニン（色素）の欠乏により、先天的に体色が薄い個体のことです。血液が透けて見えるため目が赤く、それが最大の特徴と言えます。儚げな見た目の通り、非常に繊細なメダカなので、飼育も繁殖も中級者～向け。とくに稚魚から成魚になるまでの期間は、水質や水温など、細かい気配りが必要となります。

良い個体の条件と上手に飼育・繁殖させるコツ

アルビノ同士の配合では、弱い個体が生まれがち。アルビノと普通種を掛け合わせ、そのF1同士を掛け合わせれば、強いアルビノが生まれやすい。また、アルビノは弱視のため、エサを上手く食べられない。エサに光を当てて誘導してあげよう。

アルビノ
ヒカリダルマメダカ

アルビノメダカ

ピュアホワイト

ピュアホワイト
ヒカリ
ダルマメダカ

ピュアホワイト
ダルマメダカ

●白メダカ

飼育の難易度 ★★★★★　固定率 80%

濁りのない白い体は水槽に降る雪のよう

白メダカは、大きく3つに種類分けができます。オスがクリーム色をしている「シルキー」、メスのヒレに稀に黄色の色素が見られる「ミルキー」、そしてオスメスともに純白の「ピュアホワイト」。シルキーやミルキーと違い、ピュアホワイトは黄色の遺伝子をまったく持っていないため、次世代にも純白の個体のみが生まれてきます。

白メダカ

（ミルキー）
白ダルマメダカ

白ヒカリダルマ
メダカ（シルキー）

白ヒカリメダカ（シルキー）

白幹之メダカ

幹之メダカの体内光
（白と青の両方に
体内光が存在する）

●●幹之《みゆき》メダカ

飼育の難易度	★★★★★
固定率	99%　※但し光の伸びには個体差があり選別が必要

水槽内を幻想的に彩る姿は
まるで泳ぐホタルのよう

同じ光るメダカとして螺細光メダカがいますが、両種最大の違いは、背中の光の入り方。幹之メダカは、背中の光が途切れなく線状に入ります。この背中の光が長いものほど理想の個体とされ、頭から尾びれまで光が入るもの（「スーパー光」）は、さらに希少価値が上がります。また螺細光メダカに比べて丈夫で、繁殖力も非常に強いです。

良い個体の
条件と上手に飼育・繁殖
させるコツ

体が非常に丈夫で繁殖力も高いので、飼育・繁殖は簡単。背中の光は、成長とともに範囲を増してくる。肝心の光の長さは、その鍵を握るのはずばり水温。幹之メダカと水温の関係性については、P112で詳説しているので参考にしてみよう。

青幹之ヒカリ
メダカ
白ラメ幹之メダカ
白幹之ダルマ
メダカ
青ラメ幹之
メダカ
青幹之ダルマ
メダカ

螺鈿光《らでんこう》メダカ

飼育の難易度 ★★★☆☆

固定率 99% ※但し光の伸びには個体差があり選別が必要

斑な光が神秘的に輝く デリケートな純血メダカ

光が線状に入る幹之メダカに対し、螺鈿光メダカは背中の光が斑紋に入ります。メスばかりが生まれやすく、オスの発生率は10％程度。中でも背中が光り広範囲に体内光が出るオスは、かなり貴重とされています。白系統と青系統が生まれますが、螺鈿光メダカに分類されるのは白系統のみ。デリケートな体質で飼育は中級者～向け。

良い個体の条件と上手に飼育・繁殖させるコツ

螺鈿光メダカは近親交配を繰り返した純血種であるため、雑種に比べて体が弱い。そのため、水質や水温の管理に気を使う必要がある。水温は25～30℃前後に保ち、床床や水草等、水を浄化する環境をしっかり整えてあげよう。

●青メダカ

飼育の難易度 ★☆☆☆☆　固定率 99%

青白く美しい体色が上品な人気のカラーメダカ

　身体が青白く見えるのが特徴で、身体が光っているものは、青ヒカリメダカと呼ばれています。パープルメダカと呼ばれるメダカもいるが、それらもこの青メダカから変化したものです。

青メダカ

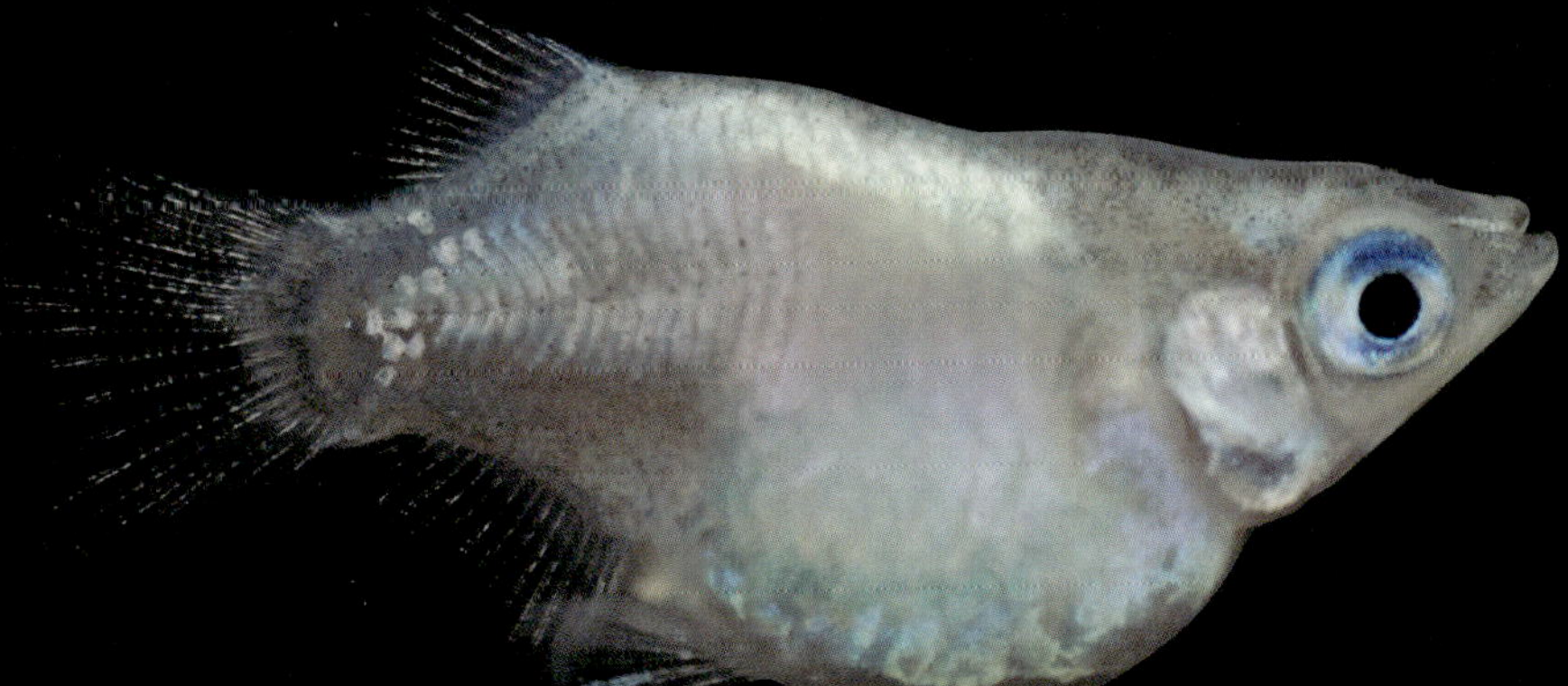

青ヒカリ
ダルマメダカ

●スカイブルーメダカ

飼育の難易度 ★☆☆☆☆　固定率 99%

オスメスともにパール色 黄色を持たぬ青メダカ

青メダカから、黄色の色素を完全に取り除いた改良種。青メダカの場合オスはグレーに近い体色ですが、スカイブルーメダカはオスメスともに鮮やかなパール色をしています。ほぼ100%の確率で、次世代にも黄色の色素をまったく持たない子どもが生まれてきます。基本的な生態は青メダカと同じで、初心者にも人気です。

スカイブルー
ヒカリメダカ(オス)

スカイブルー
ヒカリメダカ(メス)

シルバーヒカリ
ダルマメダカ

●シルバーメダカ

飼育の難易度 ★☆☆☆☆　固定率 70～95%

黄色のポイントカラーがとってもオシャレ

光沢がある青白い身体で、尾ひれにスっと黄色いスジのフチどりが入っているのが特徴。飼育しやすい人気の種類です。

シルバーラメメダカ

●ラメメダカ

飼育の難易度　**簡単**　　固定率　**30%**

夜空に瞬く星々のような水槽に映える白色光が魅力

青メダカに黄色の色素が強く入ったシルバーメダカの中で、光が体表に現れるものをラメメダカと呼びます。ラメのように輝いているのは、虹色細胞の一部。幹之メダカの光が青白いのに対し、ラメメダカは光が白いのが特徴です。このラメの範囲が広いほど、良い個体とされています。星を散りばめたような姿から、「銀河」とも呼ばれています。

パンダヒカリダルマ

青パンダメダカ

パンダメダカ

飼育の難易度 ★☆☆☆☆　固定率 99%

パンダのような愛らしさが特徴。目指せ！黒目１００％

パンダのように目の周りが黒いのは、この部分の虹色細胞（鱗の裏にある色素細胞）が欠損しているから。横から見たときに、目を覆う黒色の範囲が広ければ広いほど、価値のあるパンダメダカです。繁殖力が強く、「パンダメダカ×楊貴妃メダカ」「パンダメダカ×黄金メダカ」といった派生種も続々作出されています。

良い個体の条件と上手に飼育・繁殖させるコツ

生命力・繁殖力ともに強く、非常に飼いやすいパンダメダカ。稚魚の段階ですでに目の周りは黒く、ほかのメダカとの区別もつきやすい。睡蓮鉢で飼うと横から鑑賞できないので、飼育容器はガラスやプラスチック製のものがおすすめ。

白出目ヒカリダルマメダカ

青出目ヒカリダルマメダカ

出目メダカ

飼育の難易度 ★★★★★　固定率 30～50%

飛び出た目が愛らしいメダカ界のひょうきんもの

まるで出目金のように、目が横に突出した姿が特徴。バランスよく目が出ている個体ほど、理想的な出目メダカとされています。出目メダカ（普通種）同士の交配でも、出目の遺伝は30～50%と、固定率は低め。そのため希少価値が高く、中でもよりユニークなダルマ型は、ショップでもすぐに売り切れてしまうほどの人気です。

良い個体の条件と上手に飼育・繁殖させるコツ

せっかくなら、一番人気の出目ダルマを飼育・繁殖させたいという人も多いはず。そのためには、ヒーターで水温を30度まで上げ、卵も同じ温度で管理しよう。出現率は下がるが、繁殖させやすい出目半ダルマを親にするのも1つの方法。

黄出目ヒカリメダカ

青出目ヒカリメダカ

茶出目ヒカリメダカ

白出目ヒカリメダカ

●●目前メダカ

飼育の難易度 ★★★★★　固定率 30〜50%

アニメの中から飛び出した？ ポニョのような新種メダカ

目が前を向いていて、何とも愛くるしい表情が印象的。正面に立てば、目を合わせることもできます。飼育・繁殖は難しくないですが、貴重であるため市場価格はかなり高め。普通種でも、１万円前後の値をつけます。アニメ『崖の上のポニョ』に登場するポニョそっくりな見た目から、「ポニョメダカ」とも呼ばれています。

良い個体の条件と上手に飼育・繁殖させるコツ

エサをよく食べ、体も丈夫。他のメダカと比べると視野は狭いが、同じ水槽で飼っても問題はない。理想的な個体は、斜め前でなく、きっちりと前を向いているもの。できるだけそれに近い個体を選び、親メダカにしよう。

白目前メダカ

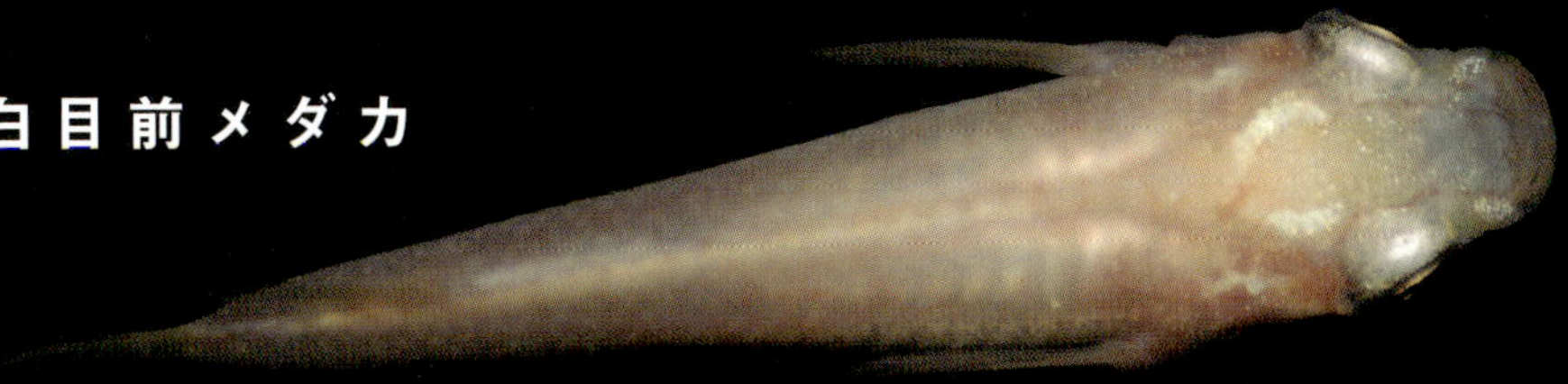

（正面）

白目前透明鱗メダカ

（正面）

黄金セルフィン
メダカ

黄セルフィン
ダルマメダカ

セルフィンメダカ

飼育の難易度 ★☆☆☆☆　固定率 50〜70%

帆のような背びれが特徴的なヒカリメダカの変異種

名前の由来は「セイル（Sail）＝帆」と「フィン（Fin）＝ひれ」。まるで帆船の帆のように動く、2つに分かれた背びれが印象的です。この背びれの分かれ方は個体によって違い、動かし方も様々。中には、背びれが3つに分かれた個体（「Wセルフィンメダカ」）も存在します。「サムライメダカ」と呼ばれることもあります。

良い個体の条件と上手に飼育・繁殖させるコツ

飼育・繁殖の方法は、カラーメダカなどと同様でOK。遺伝率も50%以上（セルフィンメダカ普通種同士で交配した場合）と高めで、初心者でも安心して飼うことができる。

楊貴妃セルフィンメダカ

セルフィン
ピュアブラック

琥珀セルフィンメダカ

●ピュアブラックメダカ

飼育の難易度 ★★★★★　固定率 3%〜

苦労に見合う価値がある スモールアイメダカの原点

焦げ茶がかかった黒メダカに対し、ピュアブラックメダカの体色は純黒。保護色機能がほとんどないので、どんな容器で飼っても、体色が変化することはありません。スマートで非常に鑑賞価値の高いメダカですが、スモールアイであるため目が見えず、飼育・繁殖はともに困難。また、成長スピードも遅く、上級者向けのメダカです。

良い個体の条件と上手に飼育・繁殖させるコツ

ピュアブラックを飼う際は、スモールアイ同士の水槽に入れてあげること。そうしないと、目が見えないためエサを上手に摂れず、成魚になる前に餓死してしまう可能性が高い。また、エサは頭上に落とし、その存在を気づかせてあげよう。

まだ
発表されていない
種などの
珍しいメダカを
紹介

珍しいメダカ

めだかやドットコムグループとは?

著者の青木崇浩氏が代表を務めるメダカのプロ集団。販売目的ではなく、あくまで研究目的と楽しみのために飼育繁殖をしている。

めだかやドットコムグループにより作出されたメダカ。新たな系統としてずっと愛されるメダカという意味を込めて、千代という名前はあるがこの種の正式な名称はまだ決まっていない。更紗系メダカの一種であるが朱赤系ではなく、金茶系の発色が特徴。

※左は横から見た様子で、右は上から見た様子。

めだかやドットコムグループにより作出され、P46のメダカと同様に千代系統というあだ名のみ存在する。体の透明感、そして強い青の発色が特徴である。作出当初、固定率は非常に低かったが年々数は増えている。

ピュアブラックセルフィンメダカ

めだかやドットコムグループにより作出されたメダカ。ピュアブラックの特徴とセルフィンの特徴が最高のレベルで表現された個体。

※このメダカは未公開ではありませんが、青木先生が作出した珍しいメダカです。

琥珀透明鱗セルフィンスモールアイメダカ

広島の販売店により作出された、多数の珍しい特徴を備えたメダカ。現在、一匹のみ確認されている。もともと固定率の高くない種であるため、今後も市場に出ることはほとんどないと考えられる。

ひとつ上の繁殖！

新種発見のススメ

メダカを育てる楽しみの1つは、繁殖させて新種発見に夢を膨らませること。発展途上の分野だからこそ、そこには、新しい発見や新種作出などの楽しみがあります。次の新種を見つけるのは、あなたかもしれません？

column 1

新種を作る楽しみとは……

ショップで購入してきたメダカを飼育し、自然に繁殖させる。そんな当たり前のメダカの楽しみ方も、十分に魅力的なものです。交配の相手や順序などを考えなくても、メダカの子どもは生まれ、育っていきます。しかし、もしも自分の手で新種のメダカを作出できたとしたら、どうでしょう。その固定化に成功すれば、それはメダカ界のニュースとなり、その新種が店頭に並ぶかもしれません。あなたが作り出し、あなたが名前をつけたメダカが、全国の愛好家に認められるのです。考えただけでも、メダカの繁殖がもっと楽しくなりそうな話ではないでしょうか。

そしてメダカ界において、それは決して夢物語ではありません。現に、今店頭に並んでいるメダカのほとんどは、誰かが作出した新

紅白ラメメダカ

楊貴妃セルフィンメダカ

種なのですから。

メダカは日本人にとって馴染みの深い生き物です。しかし、観賞魚としての歴史は、まだ意外なほどに浅いです。発展途上の分野であるからこそ、あなたが新種を作出する可能性も、大いに残されているのです。「新種のメダカを作出したい」。そう思ったその日から、あなたのメダカライフは、さらに楽しみを増すことでしょう。

新種のメダカができるまで

では実際に、新種のメダカはどうやって作出されるのでしょう。ひとつは、突然変異によって生まれた奇形のメダカと健全なメダカを交配し、その変異した遺伝子を子に残す方法。もうひとつは、異なった品種のメダカを交配し、それぞれの特徴を合わせた新たな遺伝子を作る方法。新種は、この「突然変異」と「交雑による改良」のどちらかによってつくられます。

しかしそれらの方法で交配させても、ほとんどの場合、子（Ｆ１）には親の特徴が出てきません。これは「メンデルの法則」によるもので、その遺伝子が劣性であるために起こる現象です。親の特徴が出てきやすいのは、孫であるＦ２世代から。特徴の出たＦ２同士をさらに交配させ、Ｆ３、Ｆ４と遺伝子を固定化していくのです。

また最近では、変異誘発剤を使い、人為的に突然変異種を作り出す研究も進んでいます。あえて精子に傷をつけたオスと健全なメスを交配させ、Ｆ２世代で突然変異体を得るのです。目前メダカ（Ｐ42）などは、この方法で作出されたメダカです。

メダカの未来

少ない場所でも気軽に飼えるメダカの飼育を通して、自分なりのいろいろな楽しみ方を見つけてみましょう。

column 2

メダカとの暮らしを楽しもう

メダカは未だ金魚や鯉ほどペットとしての認知度はありません。しかし、様々な体型・体色のメダカができてきて十数年。着実にファンを増やし、近頃ではホームセンターなどでも入手できる、身近な存在になってきています。とはいえメダカはまだ発展途上の段階。今後も新種が作出されていくことでしょう。現在の日本の住宅事情では、鯉や金魚のように大きくなる種を飼育するのは困難になってきています。その点、メダカならマンションや家の軒先でも簡単に飼育し楽しめます。

私はメダカの情報サイトを運営していますが、近年海外からの問い合わせが増えています。日本で最も小さな淡水魚であるこの奥ゆかしいメダカを、海外でも飼育したいという方々がいるのです。近年欧米では盆栽の人気が非常に高いそうです。盆栽を飾り小さな池をつくりメダカを泳がせれば、まるで小さな日本庭園の完成です。私はこのような楽しみ方を日本だけでなく、海外にも発信していきたいと考えています。

第1章

上級を目指す人のための

飼育方法

どんな種類のメダカを飼うか決めたら、次は飼育の準備です。
飼うための準備から水質、底石までこだわるのが上級者。
環境を整え、美しく健康的なメダカを育てましょう。

メダカを飼う前の準備

飼う種類が決まったからといって、焦りは禁物。まずは、メダカを育てられる環境がきちんと整っているのか見極めることから始めましょう。

屋内で飼う？ 屋外で飼う？

メダカは育てる場所によって、飼育方法や道具などが異なります。そのため、自分に合った飼育場所を見つけることが大切。水温までこだわれる屋内飼育が一般的ですが、屋外なら自然のサイクルにまかせて飼育するため手間はかかりません。

水温調節が可能。自分で作出したお気に入りのメダカを、水槽ごしに眺めることができます。

スイレン鉢などで飼育したり、ビオトープを作って、メダカを放流することもできます。

水槽を置く場所は？

水槽は、窓際など日光の当たる場所に置くのが基本。太陽の光には、メダカの生活リズムを安定させる効果があり、水草が光合成をすることで水質浄化にも繋がります。ただし、夏の直射日光には要注意。メダカがショック死することもあるため、よしずやカーテンなどで影を作るようにしてください。

CHECK

こんな場所がBEST!

- □ 落下の危険性がない安定した場所
- □ 太陽の光が当たる日当りの良い場所

こんな場所はNG!

- □ 水槽が倒れる危険性のある、不安定な場所
- □ 家電の側。感電の恐れがあるため、近くに置かない
- □ 棚の上などはNG。高い場所は落下の危険性も…

CHECK

心構え

- □ メダカを育てるときは、いつも愛情を忘れずに!
- □ 正しい知識を持って飼育することが大切
- □ メダカやエサ、道具などには多少のお金がかかる
- □ エサやり・水換えなどの手間がかかる
- □ メダカは生き物。責任を持って最後まで育てる

生き物を飼育するには愛情と責任が大切

メダカは初心者でも簡単に育てることができます。しかし、一時的な思いで気軽に手を出してはいけません。メダカは小さくても生き物です。間違った飼い方をすれば、あっという間に全滅してしまいます。飼育する前に自分で育てられるかを考え、正しい飼育方法で愛情を持って接するよう心がけましょう。

メダカ飼育の 基本7か条

一、最後まで育てあげるという**責任と愛情**を持つ

一、過密飼育はしない。**1匹1リットル**が基本

一、キレイな水と**水槽の中で**育てる

一、エサを**与えすぎない**

一、**1日2回**。必ずメダカの様子を見る

一、水槽を叩いたりしない。**かまいすぎも×**

一、一度飼育したメダカを**自然界に放流しない**

水槽をセットする

水槽は、メダカが生活する「家」の基盤。これから育てるメダカが快適に過ごせるよう、水槽づくりにまで気を配りましょう。

メダカ1匹につき1リットルが基準

自然界のメダカは、酸素を多く取り込めるような浅瀬に住んでいます。そのため、水槽選びもゆとりを持って、表面積の広いものを選ぶようにしてください。

水槽の大きさと飼育数の基本は、メダカ1匹につき水1リットル。基準以上にメダカを入れてしまうと過密飼育となり、環境悪化にも繋がるので注意が必要です。

もし交配をしていくのであれば、繁殖用や種類別などに分けるため、水槽を多めに用意します。また、水槽内にフィルターを入れる人もいますが、水の量とメダカの割合を守り、きちんと水換えをしているのであれば、とくに必要はありません。

水槽の大きさと飼育数の目安

サイズ	容量	飼育数
30cm水槽(30×19×25)	12ℓ	10～12匹
45cm水槽(45×24×30)	27ℓ	20～25匹
60cm水槽(60×30×36)	56ℓ	45～50匹

水をつくる

水槽には必ず塩素(カルキ)抜きをしてある、前もって作っておいた水を入れるようにしましょう。水質は、メダカの命ともいえる大切なもの。基本的には新鮮な水を使いますが、水道水をそのまま使用するということがないよう注意してください。

POINT

1 日光に当てる

1晩くみ置きしてカルキを抜いた水を使用します。その際、日中は日光に当てておきます。

2 中和剤を使う

市販の中和剤を使用する場合は、必ず新鮮な水を使うように心がけましょう。

注意

フィルターを入れるときの注意点

❶フィルターには、エア式とモーター式の2種類があります。メダカは速い水流を嫌うため、水流が速くなるモーター式の場合、給水口を壁に向けるなどの工夫が必要となります。

❷フィルターを設置しても、水槽内に十分な数のバクテリアがいないと逆に有害なアンモニアが発生してしまいます。水槽内のメダカを減らすだけでも改善されるはずです。

❸日中に光合成した水草は夜間に二酸化炭素を吐き出すため、フィルターで二酸化炭素を足してしまうと、メダカが酸欠になる恐れがあります。夜間はフィルターを止めましょう。

水槽づくりの手順

**さて、いよいよメダカが生活する水槽づくりです。
きちんと手順を踏み、より良い環境を作ってからメダカを迎え入れます。**

1 水づくり

水道水の塩素（カルキ）は、メダカにストレスを与えます。そのまま使用するのではなく、日光に当てて約1日置いてください。

2 底砂利を洗う

バケツなどの容器に底砂利と水を入れ、手で混ぜるように洗います。水草を入れる場合も同じ様にして、丁寧に洗いましょう。

3 水槽をセットする

水槽を置く場所は、あらかじめ決めておきましょう。砂利や水を入れたあとでは、移動が大変なため先にセットしておきます。

4 底砂利を敷く

水がにごるのを防ぐため、底砂利や砂は高くても5cmぐらいまでにします。水草を入れる場合も同じ高さで問題ありません。

5 水を入れる

水を勢いよく入れると、底砂利などがまって水がにごるため、静かに丁寧に入れてください。受け皿を用意しておくと便利。

6 ゴミ取りをして完成

アミを使って水面や水中に浮かんでいるゴミを丁寧に取り除きます。水草などのレイアウトは、水を入れてから行います。

水質が与える影響

メダカにも過ごしやすい水質・水温があります。より健康的で元気なメダカを育てるための水質管理とは何かを考えましょう。

大切なメダカの健康を守るための水質

メダカは、とても丈夫。井戸水や川の水、多少にごった泥水の中でも育ちます。しかし、こういった水を使用すると雑菌や不純物、有害生物の卵などが混じってしまい、メダカが病気になってしまうこともあります。

飼育下においては、カルキ抜きした水道水を使用するのが一般的です。またそこにミネラル分を補給すれば病気の予防にも繋がり、元気なメダカが育ちます。

良い水質とは？

不純物が少なく、透明度の高いキレイな水。水質安定には各種バクテリアが繁殖し、水質安定維持循環がうまく作用していることが重要です。また、弱酸性や強アルカリ性ではなく、中性に近い水質のほうがメダカには良いとされています。

悪い水質とは？

残り餌の腐敗やメダカのフンによって、にごってしまった水。これによって発生したアンモニアは強毒性が強く、さらに濃度が上がればメダカは死滅してしまいます。他にも、水中内の酸素不足や多すぎる二酸化炭素もメダカに悪影響を及ぼします。

普通種に最適な水温は15～28度

飼育できる量だけ増やすことが大切

自然のサイクルにまかせて生活するメダカは、水温で季節を感じとります。メダカにとっての理想は、15～28度の範囲。だいたい、30度以上や15度以下になると元気がなくなり、食欲も低下します。さらに0～5度まで下がれば、ほとんど動かなくなってしまいます。しかし、メダカは変温動物なため、1度2度ずつ徐々に温度を変化させた場合、40度の高温から氷がはるくらいの低温まで耐えることができます。

また、特別な種類を育てるときには細かな温度管理が必要。見た目を美しく育てたい場合も、品種によって温度管理が異なります。(詳しくはP66へ)

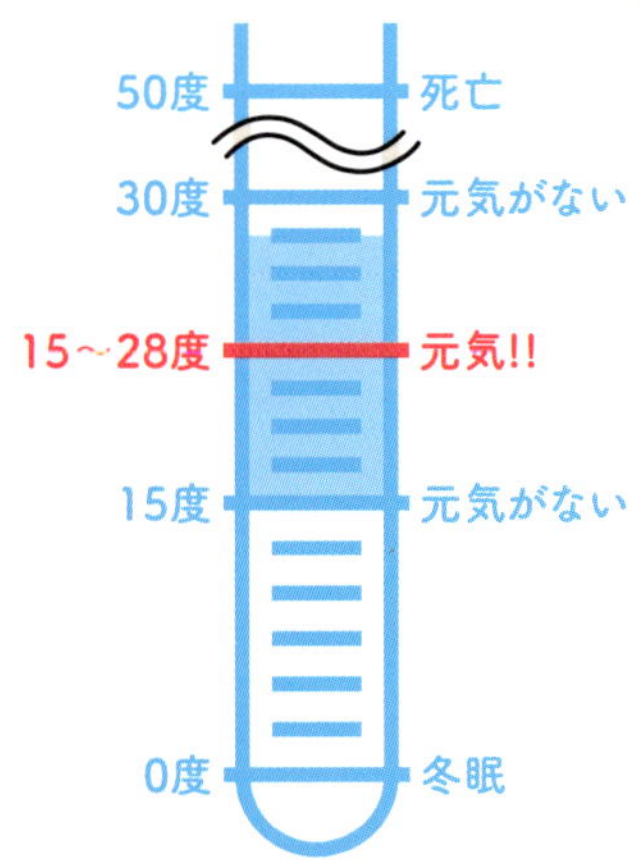

1日くみ置きをした水道水が安全

メダカ飼育において一番大切なものは水質です。まずメダカを飼育するには、その水が最適なpHである必要があります。幸いなことに日本の水道水は細菌や不純物が少なく、世界で最もきれいなレベルです。このため1日くみ置きし、塩素やカルキを取り除いた水道水を使用しましょう。

またカルキ抜きが済んだ水道水は清潔ですが、メダカの成長に必要なミネラル分が不足しています。ミネラル添加人工海水や栄養価の高い岩塩を砕いて、水槽立ち上げ時に必ず入れるようにしましょう。塩分濃度0.5%位を保てれば問題ありません。

注意

水道水の欠点

浄化のしすぎによって、メダカに必要なミネラル類が極端に少ないのが欠点。また水道管内の消毒も兼ねて、強めのカルキ消毒を行っているため、そのままの使用は適していません。1日くみ置きをし、ミネラル分を補給してから使用してください。

pH（ペーハー）って何？

pH（ペーハー）とは、酸性かアルカリ性かを測る尺度で、ペットショップで購入できる水質検査キットを使用して測ります。メダカに最適なのはpH6.5〜7.5の中性、繁殖を促すには弱酸性が良いといわれ、水質が極端に酸性に傾くと病気が発生したり、ショック死を起こすこともあります。しかし、水さえキレイに保てれば適応範囲内。熱帯魚のようにpHに気を使う必要はありません。

使ってよい水、ダメな水

水道水

◎ メダカ飼育に最も適した水。1日くみ置きし、塩素やカルキをしっかり抜いて使用しましょう。

井戸水

○ 土地によって水質が異なるため、水合わせが必要。細菌や不純物が多い場合もあります。

河川水

○ ミネラル分は豊富ですが、細菌や不純物、有害生物や不快生物の卵が混じっている可能性も。

ミネラルウォーター

△ きれいな水ではありますが、品物によっても水質が異なるため、必ず水合わせをしましょう。

海水

× メダカは海水でも生きることが可能です。しかし塩分濃度が高いため、ストレスの原因になります。

お湯

× 水温は15〜28度が最適。一気にお湯の中に入れることで、ショック死の危険性もあります。

メダカを水槽に入れる前に〜水合わせの仕方〜

「水合わせ」とは、塩素（カルキ）抜きした水に、メダカを徐々に慣らしていく方法です。水温やpH、塩分濃度の異なる水槽に一気に入れてしまった場合、急激な変化でメダカがショックを起こすことがあります。このため水槽に入れる前には、必ず「水合わせ」をしてください。手順は、❶購入したときのビニール袋のまま、移したい水槽に浮かべて10分置きます。❷袋に水槽の水をコップ半分くらい入れ、水槽に浮かべたまま、さらに10分。❸もう一度、袋に水槽の水をコップ半分くらい入れます。これを2、3回繰り返せば完了。メダカを袋からアミでそっとすくい、水槽に移しましょう。

バクテリアが水をきれいにする

有害な物質を無害へと変えてくれる細菌「バクテリア」。水槽内の水質維持には、そのバクテリアの働きが必要不可欠です。

水質浄化を助ける「バクテリア」の働き

水槽内の水質維持は重要な問題。そこで登場するのが「バクテリア」です。

まずバクテリアは、水槽内にある糞尿や食べ残したエサの主成分「タンパク質」を、アンモニアと亜硝酸に分解します。次に、また違うバクテリアが、強毒性の強い亜硝酸を硝酸塩という物質に分解していきます。それらがうまく作用し、水質が安定している水槽内では、バクテリアが硝酸塩を分解して炭酸塩に変えます。炭酸塩は毒性が低いため、メダカに悪影響を与えません。このようにして、バクテリアは水質を浄化していくのです。

バクテリアが水をきれいにする仕組み

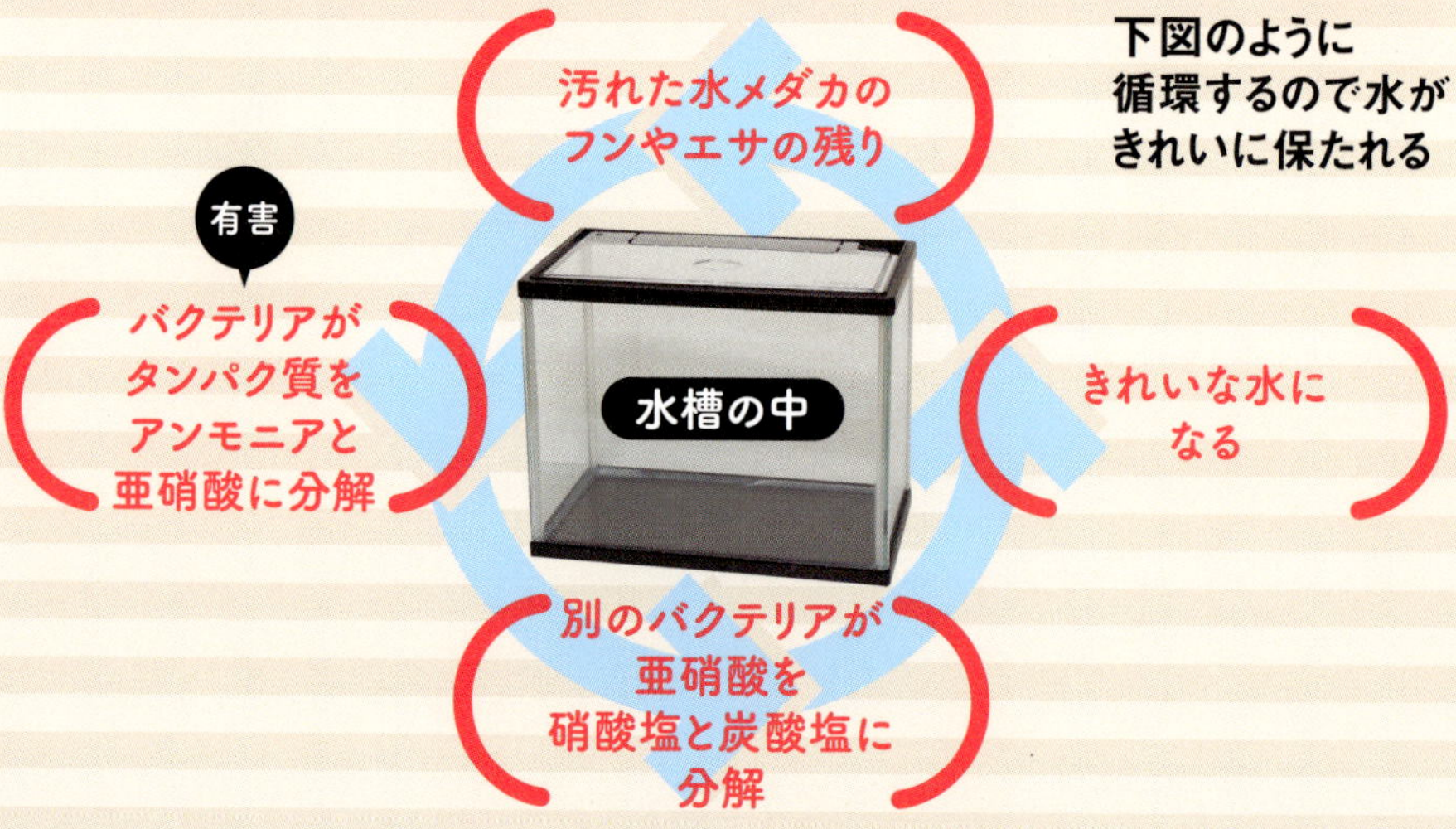
下図のように
循環するので水が
きれいに保たれる
汚れた水メダカの
フンやエサの残り
有害
バクテリアが
タンパク質を
アンモニアと
亜硝酸に分解
水槽の中
きれいな水に
なる
別のバクテリアが
亜硝酸を
硝酸塩と炭酸塩に
分解

バクテリアの増やし方

セットしたばかりの水槽内に、バクテリアは存在しません。バクテリアを増やすには、少量のアンモニアが必要なため、パイロットフィッシュとなるメダカを水槽内に2～3匹入れます。そのまま1週間ほど経つとバクテリアが働き出し、水質維持循環が始まるはず。その際、水が透明であれば成功です。メインとなるメダカを1、2匹ずつ水槽に入れていきましょう。また、水のにごりはバクテリアが正常に働いていない証拠です。この場合は、もう一度水槽をセットし直さなくてはいけません。一方で、水槽を浄化し続けるには、水中のバクテリアのバランスが保たれていることも重要となります。

パイロットフィッシュとは？

パイロットフィッシュとは、試験的に入れるメダカのこと。立ち上げたばかりの水槽内に入れることで、バクテリアの増加を促します。どんなメダカでもOK。たくさん入れるのではなく、2～3匹ずつ入れるのがベストです。

バクテリアのバランスを保つ方法

食べ残しが出ないように、エサは毎回食べ切れる量を与え、定期的に水替えをして、残し餌や糞尿が溜まらないようにしましょう。また「メダカ1匹につき1リットル」の基準を守り、過密飼育はしないよう、心がけてください。

水槽内にパイロットフィッシュを入れることで、空気中や様々な場所からバクテリアが入り、徐々に数を増やしていきます。

バクテリアが水質に与えるメリット

- □ 残り餌の腐敗やメダカの糞尿から発生する有害な物質を分解し、メダカに害が少ない毒性の低い物質に変えてくれます。
- □ バクテリアがうまく作用することで、水中内の水質浄化へと繋がります。これにより、水中がきれいな状態を保てるのです。

底石の入れ方と繁殖に適した水づくり

より自然に近い環境を、水槽内で再現したいときに便利な底石。ただ底石といっても、種類によって特徴が異なるので注意しましょう。

砕いたよう岩石

多孔質でバクテリアが棲み付きやすい。酸素を出したり、水のろ過にも役立ちます。

赤土

向かって右が小さい粒、左が大きい粒。自然の環境に近い水槽づくりができます。

大磯砂

この砂を入れると、水質がアルカリ性に傾くことが多いので、注意しましょう。

バクテリアを上手に定着させる底石とは？

底石には、水質が酸性に傾きやすいものやアルカリ性になりやすいものなど、いろんな種類があります。一般的にはバクテリアが繁殖しやすく、水のろ過や酸素を作り出す効果を持った多孔質な石がおすすめです。また、観賞用の水槽には底石を入れ、繁殖用の水槽には底石を入れません。

水槽を掃除するときには、底石をきれいに洗ってしまうとせっかく付着したバクテリアが流れてしまう可能性があります。洗うとしても、底石に付いたフンを落とす程度にしてください。この方法なら新しい水を入れても、水質チェックを行う手間が省けます。

繁殖用の水槽には底石を入れないようにする

底石は使用用途によって、入れてよい水槽・いけない水槽が分かれます。観賞用の水槽であれば、底石は入れるのが普通です。しかし繁殖用の水槽には、底石を入れないようにしましょう。

親メダカは、産卵巣に卵を付けるのと同じくらいの卵を水槽底に落とします。そのため、底石や砂利を入れることによって、回収できる卵の数が減ってしまうのです。また、生まれてきた小さな稚魚が、底石の隙間に挟まって出てこれなくなる危険性もあります。繁殖させる親ではない、飼育中のメダカの場合は、観賞用と同じように底石を入れても問題はありません。

グリーンウォーターのつくり方

稚魚育成に最適

水槽を外に置き、メダカを入れて1週間～10日程待つと緑化してきます。これで完成。稚魚の場合は、エサをプラスして与えましょう。

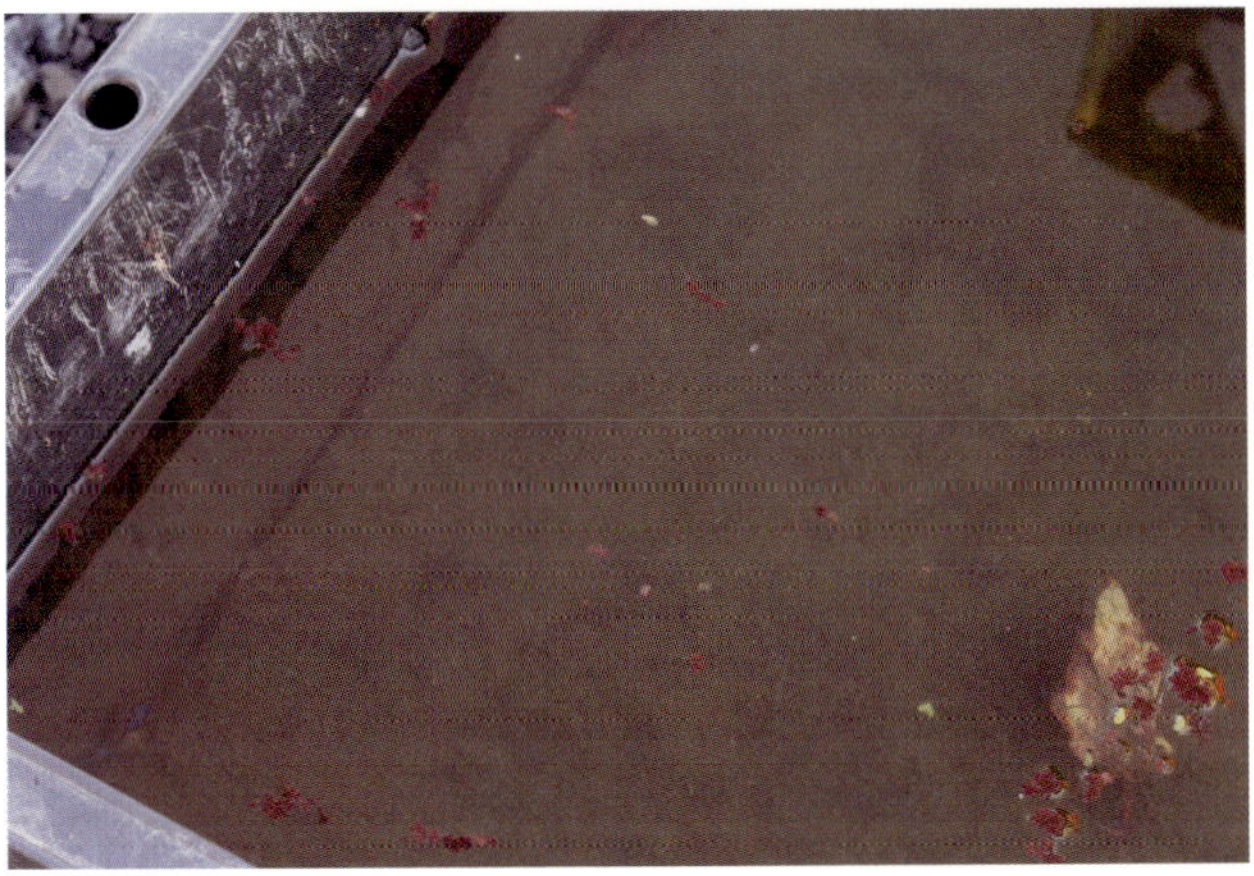

鶏糞水《けいふんすい》のつくり方

精神を安定させる水

鳥のフンをネットに入れて、水に沈めます。そのままの状態で、24時間置くだけで茶色の水ができ上がります。劣化しないよう注意。

メダカのための命水石

メダカに必要なミネラル分を多く含んだ水が作れる「命水石」。人間の飲用水にも適した、キレイな水を作り出す魔法の石です。

多孔質なセラミック状の石には、メダカ飼育に必要な成分がいっぱい詰まってます。

命水石を水槽に入れるだけなので、とても簡単。しかもくり返し、何度でも使えます。

メダカに最適な「メダカ命水」を作る石

「平成の名水百選」にも選ばれた埼玉県の石龍山という場所に、天然のメダカが生息するスポットがあります。この水源の石を砕き、多孔質なセラミック状にしたのが「命水石」です。

石をネットに入れ、水道水入りの水槽に吊るすだけで、酸素やミネラル分を豊富に放出。多孔質なため、水の汚れを吸着し分解する効果も期待できます。メダカの有名店で1年間使用したところ、メダカのヒレがキレイに伸びたり、色ツヤのいいメダカができたという報告もあるほどです。1ヶ月毎に1回、天日干しすることで命水石は効力を強く発揮し、何度でも使用することができます。

水質結果

下の表は、命水石を使用したあとの水質結果です。メダカに害を与える物質や、細菌などの数値が著しく低下しているのが分かります。

測定項目	測定値	単位	基準値
一般細菌	0	個/mℓ	100 以下であること。
大腸菌	不検出	-	検出されないこと。
カドミウム及びその化合物	0.001 未満	mg/ℓ	0.01 以下であること。
水銀及びその化合物	0.00005 未満	mg/ℓ	0.0005 以下であること。
セレン及びその化合物	0.001 未満	mg/ℓ	0.01 以下であること。
鉛及びその化合物	0.001 未満	mg/ℓ	0.01 以下であること。
ヒ素及びその化合物	0.001 未満	mg/ℓ	0.01 以下であること。
六価クロム化合物	0.011	mg/ℓ	0.05 以下であること。
シアン化物イオン及び塩化シアン	0.001 未満	mg/ℓ	0.01 以下であること。
硝酸態窒素及び亜硝酸態窒素	1.8	mg/ℓ	10 以下であること。
フッ素及びその化合物	0.11	mg/ℓ	0.8 以下であること。
ホウ素及びその化合物	0.1 未満	mg/ℓ	1.0 以下であること。
四塩化炭素	0.0002 未満	mg/ℓ	0.002 以下であること。
１，４－ジオキサン	0.005 未満	mg/ℓ	0.05 以下であること。
１，-１－ジクロロエチレン	0.001 未満	mg/ℓ	0.02 以下であること。
シス－１，２－ジクロロエチレン	0.001 未満	mg/ℓ	0.04 以下であること。
ジクロロメタン	0.001 未満	mg/ℓ	0.02 以下であること。
テトラクロロエチレン	0.001 未満	mg/ℓ	0.01 以下であること。
トリクロロエチレン	0.001 未満	mg/ℓ	0.03 以下であること。
ベンゼン	0.001 未満	mg/ℓ	0.01 以下であること。
塩素酸	0.06 未満	mg/ℓ	0.6 以下であること。
クロロ酢酸	0.002 未満	mg/ℓ	0.02 以下であること。
クロロホルム	0.027	mg/ℓ	0.06以下であること。
ジクロロ酢酸	0.014	mg/ℓ	0.04 以下であること。
ジブロモクロロメタン	0.006	mg/ℓ	0.1以下であること。
臭素酸	0.001 未満	mg/ℓ	0.01 以下であること。
総トリハロメタン	0.046	mg/ℓ	0.1以下であること。
トリクロロ酢酸	0.02 未満	mg/ℓ	0.2 以下であること。
ブロモジクロロメタン	0.013	mg/ℓ	0.03以下であること。
ブロモホルム	0.001 未満	mg/ℓ	0.09以下であること。

2012年8月27日にペットボトルに命水石と水道水を入れたサンプルです

先生からのアドバイス

命水石の購入のしかた

命水石はメダカに良いとされるミネラル分を研究し、完成した「めだかやドットコム推奨」商品です。下記サイトで、通販しています。他では取り扱いはありません。

めだかやドットコム通販店で購入できます

http://ginya.jp

飼育道具を揃える

メダカの飼育を始める前に揃えておきたい飼育道具。使用用途によって、いろいろな道具を使い分けることが大切です。

飼育に必要なもの

水槽などの容器	屋内飼育の場合は、ガラス製のものがおすすめ。屋外なら鉢などを用意
水	メダカ1匹あたり1リットルが基準。1日くみ置きし、あらかじめカルキは抜いておく
エサ	2〜3種類用意し、メダカの状態によって使い分ける。粒子が細かいエサを選ぶと良い
アミ	水中のゴミ取りやメダカの入れ替えに便利。メダカ選別用のアミも揃えておこう

あると便利なもの

底砂利	メダカに安心感を与え、水をきれいに保つ効果がある。多孔質なものがおすすめ
水草	酸素を放出したり、水質を浄化する働きがある。稚魚などのかくれ場所にも最適。
水温計	水槽内の水温管理に欠かせないアイテム。微妙な水温の変化がすぐにわかる
隔離用の容器	病気の治療や稚魚の育成に便利。状態がわかるよう、ガラス製のものを選ぼう
エアポンプ	水の中に酸素を送り込むためのポンプ。飼育数が多いときなどに必要
フィルター	汚れた水をろ過し、水を循環させる。エア式とモーター式の2種類がある

必要性のあるものを選ぼう

メダカは屋内・屋外限らず、一定量の水（1匹あたり1リットルが理想）とメダカを入れる容器があれば飼育できます。エサは稚魚用と中魚用（若魚）、成魚用の3種類がありますが、粒子の細かいものを選ぶようにしましょう。これで、必要最低限の道具は揃ったはずです。あとは、メダカを別水槽へ入れ替えたり、水中のゴミを取るための小さなアミがあると便利です。

また、メダカにはエアポンプやフィルターなどの大がかりな道具は必要ありません。最初のうちは、最低限の道具のみで飼育し、慣れてきたら必要に応じて揃えていくようにしましょう。

水槽づくりの道具

アミ

選別用のアミもある。水につけ、柔らかくしてから使う

水槽&鉢

ホームセンターなどで購入できる。広めの鉢がおすすめ

※メダカ1匹あたり1リットルの水が入るサイズを選ぶ

※プランターやバケツ、発泡スチロールの箱などを使ってもOK

底砂利

種類がさまざま。多孔質の石なら、酸素放出やろ過にも役立つ

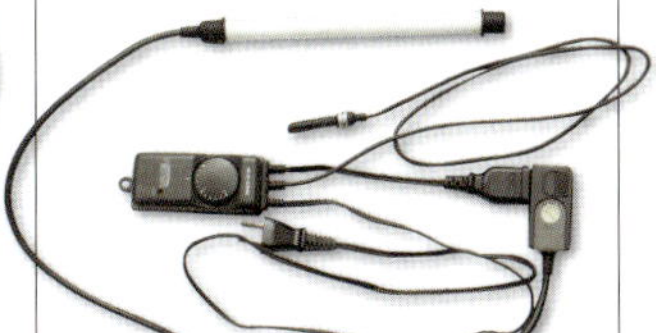

ヒーター&サーモスタット

温度を調整する装置。自分で温度管理できるタイプを選ぶ

エサ

タンパク質が多く、粒子の細かいエサを選ぶのがベスト

水草

ほてい草が一般的。使用前はしっかり洗い、天日干しをする

カルキ抜きをした水

水道水を1日くみ置きする。ミネラル分をプラスするのがコツ

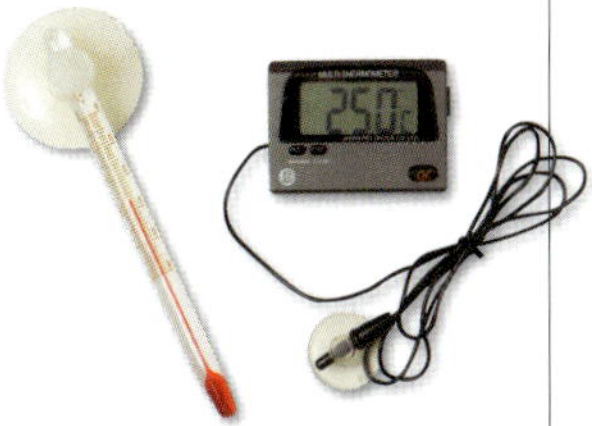

水温計

どんなタイプでもOK。屋外飼育の場合は必要なし

フィルター

モーター式のものは水流が速くなるので注意

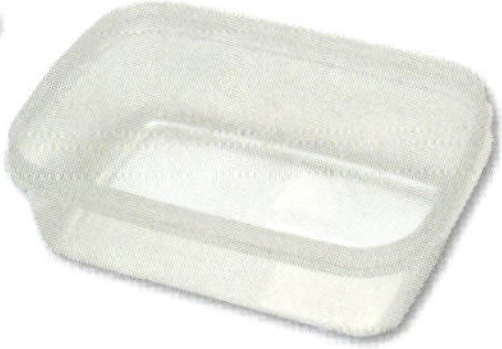

隔離用の容器

なるべく透明な容器やガラス製の水槽などを選ぶ

エアポンプ

小さい水槽であれば小型のポンプで十分。必要性を考えて使う

温度管理のしかた

自然のサイクルに合わせた15～28度で飼育するのが一般的ですが、特別な品種を育てるときには細かな温度管理が重要になります。

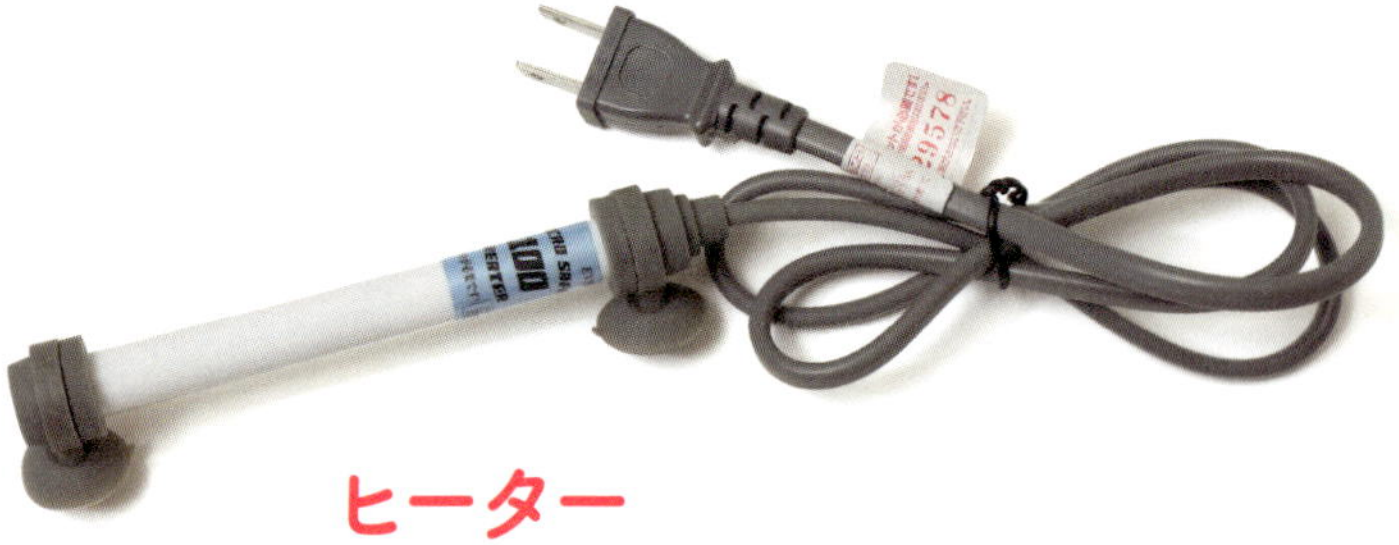

ヒーター

温度が固定でないヒーターは、サーモスタッドと組み合わせて使うのが基本。温度が固定になっているものもあるので、確認してから購入しましょう。

サーモスタッド

温度が自分で設定できるタイプが便利。水槽に固定できるものを選ぶようにします。

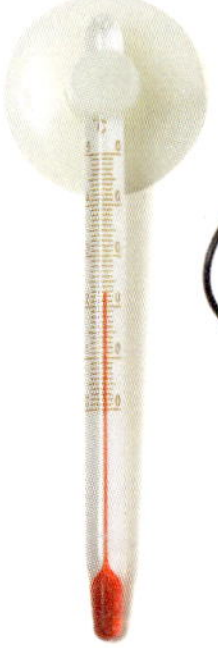

水温計

特別な種類の場合は、微妙な水温の変化にも注意が必要です。

育てる品種によって異なる温度管理

水温管理は、屋内飼育を基準として考えます。普通種であれば15～28度の標準水温で飼育しますが、品種によっては細かな温度管理が必要です。特に、ヒカリ系や光ダルマは背骨が曲がりやすいため、美しく育てるにはコツがいります。

まずヒカリ系は、最も細胞分裂が盛んな卵の段階から、産卵時より2、3度下げた水槽に入れてゆっくり育てます。普通種のダルマの場合は、30度の高温飼育が基本ですが、光ダルマは卵の段階では低温に設定し、ふ化してから徐々に水温を上げていきます。そうすることで、背骨がきれいに伸びた美しいメダカがつくれるのです。

夏場の管理のしかた

屋外で飼う

よしずで日陰をつくる

直射日光によって急激に水温が上昇したときは、よしずなどで影をつくるのが一番。しかし、メダカは変温動物なので、極端な温度変化でなければ、0～40度くらいまで適応できます。

屋内で飼う

カーテンを閉める

水温の急激な上昇は、屋内ではまずありません。もし水温が上がってしまったら、カーテンを閉めて光を遮断しましょう。ファンなども売られていますが、あまり効果はありません。

NG

凍ったペットボトルを入れる

凍ったペットボトルを入れるという話しもよくありますが、急な温度変化が起きるとメダカがその変化に耐えきれず、体調を崩してしまう場合があるので避けましょう。

Q & A

冬場の管理は?

メダカは冬眠する生き物。水温が0～5度まで下がると冬眠するため、冬場は水温管理の必要はありません。しかし、年中繁殖をさせたい場合はヒーターなどを入れ、室温を暖めるようにします。

種類別・水温の目安

普通種	通常の15～28度で飼育（P56）
ダルマ系	高温飼育が基本。30度ぐらいが適温
ヒカリ系	低温水槽でゆっくり飼育すると美しい体型に
幹之系	30度くらいの高温で飼育する（P112）
ヒカリダルマ系	低温から徐々に水温を上げる（P89）

水換えのしかたと頻度

メダカにとって大切な水質を守るため、定期的な水換えを行います。きちんとした方法で、いつも清潔な状態を保ちましょう。

水槽内の水質悪化を防ぐ水換え

　メダカのフンや食べ残したエサ、腐った水草などが水槽内の水を汚染します。水が汚れてしまうとメダカが病気になりやすくなり、最悪の場合死に至ることも。そのため、定期的に水槽内を掃除する必要があります。

　水換えの際、一番大切なのは水温です。新しい水と古い水は同じ温度で揃えないと、急激な温度変化によってメダカがショック状態に陥る危険があります。また繁殖したバクテリアも死んでしまう可能性があるため、同じ水温の水を準備するようにします。また定期的に行う以外にも、水が濁っていたり、透明度が落ちてきたときには水換えをしてください。

水換え用ポンプの作り方

用意するもの

- □ **新品の灯油用ポンプ**
- □ **ガーゼ**
- □ **輪ゴム**

作り方

❶新品の灯油用ポンプを用意し、口の部分にガーゼを当てます。

↓

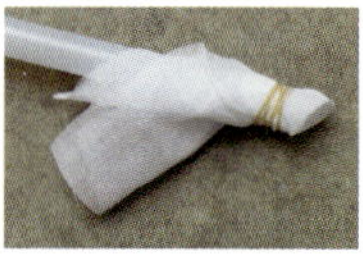

❷ガーゼを当てた部分に輪ゴムをくくり、しっかりと固定します。

↓

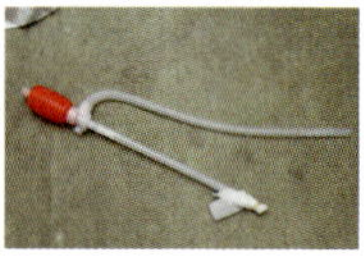

❸できあがり。これでメダカを吸い込む心配もなく、安全に使用できます。

季節ごとの水換えの頻度

春　水槽内の汚れを見て、2週間に1度水換えするのが理想的。

夏　夏は水温が上がるため、メダカの動きが活発になります。そのためエサの量や排泄物が増えて水質悪化を招きます。夏場の水換えは、毎週行うようにしましょう。

秋　秋は春と同じく、2週間に1度水換えするのがベストです。

冬　冬はメダカが冬眠する季節。水換えの必要はありません。

POINT

くみ置きが便利

水換えを頻繁に行う季節は、バケツなどにカルキ抜きした水道水をくみ置きしておくのがおすすめです。ただし、水は新鮮さが大切。何日も置かないようにしましょう。

水換えの手順

定期的にする水換えは、メダカ飼育に欠かせないポイントです。常に清潔な状態が保てるよう、丁寧に作業を行いましょう。

用意するもの

- □ バケツ
- □ 小さいアミ
- □ 水換え用ポンプ

① 新しい水を作る

水道水を1日くみ置きしたものか、中和剤で塩素（カルキ）を抜いた水を用意します。交換する古い水との温度差が出ないように調節しておきましょう。

② 水を抜く

まず水換え用ポンプを使って、水槽の1/3ほどの水を抜きます。用意しておいたポンプを使い、メダカを吸い込まないように注意しながら作業します。

③ 水槽の掃除をする

目の細かいアミを使用し、底石がまわないよう注意しながら、水槽内のゴミを静かに取り除きます。水槽の壁が汚れている場合は拭き取ってください。

④ 水槽に水を入れる

きれいになった水槽に、水温調節をしたカルキ抜きの水を入れます。このときも、底石がまい上がらないようにゆっくりと静かに入れていきます。

水槽の大掃除のしかた

メダカに病気が発生したときなどに行う大掃除。大変な作業ではありますが、健康なメダカを守るために必要な工程でもあります。

こんな時はリセットが必要！

水槽が白くにごったとき

急激な水温変化によってバクテリアのバランスが崩れると、水が白くにごります。水換え後にも要注意。

メダカが病気になったとき

水槽内で病気の疑いがあるメダカが現れた場合、病気のメダカを隔離し、感染を防ぐためにリセットを行います。

水槽を2つ用意する

コツ

水槽や飼育道具の消毒には、天日干しが一番です。リセットの際、夏なら1日。冬なら2～3日くらい外に干すようにしましょう。天日干しには時間がかかるので、水の入れ替えやレイアウトがスムーズに行えるように、同サイズの水槽をもう1つ用意します。リセット後、水を入れるタイミングでミネラル分も補給してあげましょう。

洗剤は使わない

注意

水槽を洗うときには、洗剤を使用せずに全て水で洗うようにします。これは洗剤などの化学製品が、メダカに悪影響を及ぼす可能性があるからです。フィルターなどの飼育道具を洗う場合も同様。水のみでしっかり洗うようにしましょう。また底石にはバクテリアが付着しているため、洗う場合は水で軽くすすぐ程度で問題ありません。

なぜ大掃除（リセット）をするのか？

メダカを飼育していく中で、突然病気になってしまうことがあります。そういった場合に行うのが、水槽の水を全て入れ替えて大掃除する「リセット」です。

リセットは、元気だったメダカが何匹も死んでしまったときや水槽内で病気の疑いがあるメダカが発生したときに、健康なメダカへの感染を防ぐために行います。

リセット後の水槽には病気のメダカは入れず、別の容器に移して隔離するようにします。このタイミングでミネラル分を投入する場合は、全く塩分のない水槽から一気にメダカを入れるとストレスを感じてしまうので、少しずつ慣らしていくと良いでしょう。

リセットの手順

リセットは水換えと同じように、カルキ抜きした水を用意することから始まります。器具や底石も水洗いするのがポイントです。

用意するもの

- □ スポンジ
- □ パイプ用ブラシ

① 器具をすべて洗う

水合わせをした容器にメダカを移し、器具などを取り外して水槽内の汚れた水を捨てます。道具は洗剤を使わずに、全て水洗いをします。その後、天日干しするのが理想。

② 底砂、砂利などを洗う

底砂や砂利は、まずゴミを取り除き、水の中で手で混ぜるように優しく洗いましょう。水草もすすぐ程度に洗えばOK。できれば、底砂や水草なども天日干しします。

③ 水槽をセットし、水を入れる

キレイになった水槽に、底砂や砂利、石や水草などをレイアウトします。最後に、カルキ抜きと水温調節をした新しい水を水槽内に静かに入れていきます。

④ 水槽にメダカを戻す

水がキレイになった水槽にメダカを移していきます。このとき、始めに隔離した病気のメダカは入れないようにしましょう。これでリセットは完了です。

プロが教える

飼育に関するQ&A

メダカの飼育に関するさまざまな疑問を、プロの視点からわかりやすくお答えしていきます。

Q 初心者向きのメダカと、上級者向けのメダカを教えてください。

A あえて言うなら上級者向けは、弱視系（アルビノ）や眼力がないスモールアイ。それ以外は基本的な飼育難易度は変わりません。弱視系や視力がないメダカを育てる場合、弱視系や視力がないメダカのみを選別し、隔離飼育を行いましょう。また、エサの与え方も要注意。弱視系はメダカがエサを発見しやすいように、より明るい光を照らします。ただし眼力がないスモールアイなどは光も見えないので、頭の上にエサを落としてあげましょう。

Q メダカの水槽に水草を入れたら、貝が発生してしまい、数が増えてしまいました。メダカに害はないでしょうか？

A 貝が直接メダカに害を与えることはありません。少数であれば残り餌を食べてくれるなどのメリットもあります。

しかし爆殖してしまうと、貝も呼吸をし、フンをするため、水槽内が酸欠状態になり、水質悪化が早まってしまいます。

貝を退治するのはとても厄介なので、少数ならば見つけ次第、取り除くのが一番。最近では、貝を退治する薬剤なども市販されていますが、多かれ少なかれ水草やメダカ・バクテリアにも影響があると考えておいた方がよさそうです。

もしも爆殖してしまったら、水槽のリセットを行ってください（P70〜71）。リセットした水槽に水草を入れるときは水草をよく洗い、バケツなど別の水槽に入れて2週間ほど置いておきます。しばらくすると卵から孵化した稚貝が見えるようになるので、丁寧に稚貝を取り除く、あるいはここで薬品を使用して退治するとよいです。

Q 屋外のスイレン鉢でメダカを飼っています。水面が完全に覆われるぐらいに水草が増えてしまいました。水の中まで光りが届かないのではと心配です。大丈夫でしょうか？

A 水面いっぱいに水草が覆ってしまうと太陽光がメダカに届かないため、健康的な生活ができにくくなります。水面が覆われているということは、水面に空気の流れがないということ。つまり酸素が水中に取り込まれていないと考えられます。すぐに間引きするなど対処して下さい。

また水草は、昼間光合成で葉から空中に酸素を放出しますが、夜間には根が呼吸して炭酸ガスを水中に放出します。このため、水面が水草で覆われている水槽は酸欠になりやすいのです。

Q 屋外でメダカを飼っています。水草のスイレンの上にカエルが乗っているのを見かけました。メダカがカエルに食べられてしまうことはないでしょうか？

A 日本に生息するカエルで、水中捕食する種類はいません。カエルの目先でメダカがジャンプでもしない限り食べられることはないので、安心してください。

Q 庭でメダカを飼っています。たまに野良猫が来るのですが、食べられてしまわないか心配です。対処法はありますか？

A 金魚などの場合、前足の爪でひっかけて水槽外に出して食べてしまうこともあります。

しかしメダカは金魚などに比べて体が小さいため、爪にひっかけるのはなかなか難しいかもしれません。ただ水槽内をかき回されるとメダカに傷がつくこともあるので、それが病気の原因になることもあります。心配でしたら網などでフタをしてきましょう。

Q 屋外でメダカを飼いたいので、庭に池を作りました。メダカを狙う天敵など、特に注意しなくてはいけない生物はいますか？

A 屋外メダカを狙う生き物は、サギ類やカワセミなどの鳥。他にもトンボの幼虫ヤゴ、水カマキリ、タガメ、ゲンゴロウ、アメンボなどの昆虫類の被害も意外と大きいです。また、カラスはメダカを狙うのではなく、水浴をしたときにメダカに被害を与えてしまいます。対策としては網をかぶせるのが一番ですが、観賞価値が問題となってしまうため難しいかもしれません。

Q メダカの水槽を増やしたら、室内の、とくに暗い部屋にも水槽を置くようになりました。蛍光灯などで光りを当てたほうがよいでしょうか？

A 光のないところでは、メダカは健康な生活を送れません。太陽光に近い波長の照明を当ててあげてください。

Q 屋外でメダカを飼おうと思います。冬は水温が0度近くなり、外に水を汲んだバケツを置いておくと水面にうっすら氷が張ってしまうこともあります。メダカをこんな環境で上手に育てることが可能でしょうか？

A メダカは変温動物です。緩やかな温度変化でしたら、生息範囲は水温0度～35度位。水温が低くなるにつれて代謝も下がり、エサの食い付きも減っていきます。0度近くなると呼吸数も減り、一種の冬眠状態になるため酸素の消費量も減少し、水質の変化が少なくなるので水換えをする必要はなくなります。この時期にはエサも与えず、なるべく刺激を与えないようにほおっておくのがよいでしょう。

　とは言っても、メダカは生きているため、徐々に体力は消耗していきます。一年中0度にしておけばずっと元気に生きるのかというと、そうではありません。生きる体力が消耗してしまう前に、エサを食べる温度に戻らなければ死んでしまいます。こういったことから、北海道では日本メダカが生息することはできず、自然生息域も決まってくるのです。

　また、メダカの寿命は最大で3年くらいといわれていますが、冬眠状態のない環境で育つと、寿命は短くなります。

Q 室内でメダカを飼っています。水槽が置いてある部屋にエアコンがないため、夏場は、ぬるま湯ぐらいに水温が高くなってしまいがちです。メダカは大丈夫でしょうか？ また水温を下げるいい方法はありますか？

A 一日の水温変化に何度まで耐えられるかの実験はしていませんが、私の経験上、15度位の変化であれば問題ないと考えています。ただし、この水温差を長く続けてしまうことでストレスを感じてエサを食べなくなり、体力が消耗していくため、決して良い状態とは言えません。

　水は空気より密度が大変大きく、室温の変化より水温の変化は小さいため水温の変化を測ってみることが大切です。

また、強制的に水温を下げる方法もあります。水槽クーラーといって、飼育水を水槽用のクーラー内で循環させる器具も販売されていますが、器具代も高価で電気料も大きくかかります。簡単な方法としては水槽用の扇風機を使用して、水面に風を当て、蒸発熱を発生させて水温を下げる方法があります。これなら水温を5度位は下げることも可能となり、電気代もあまりかかりません。

Q メダカにとっての適温を本で読んだので、毎日管理して一年中、同じ温度に保てるよう努力しています。変化がないほうが、いいメダカをつくるためには本当にいいのでしょうか？

A メダカの適温は20～25度とよく言われますが、観賞飼育だけを考えれば温度変化が少ないほうが生活しやすいかもしれません。しかし、繁殖を飼育目的の一つとして考えた場合、決して良い環境とは言えません。繁殖を目指すのであれば、メダカに四季を感じさせる必要があります。自然界におけるメダカは、日照時間が長く、水温も上昇してくる春に繁殖活動を始めます。一年中同じ温度・同じ日照時間でも繁殖活動は行いますが、産卵が不安定になるため稚魚管理が大変になります。

私の場合、照明時間の調節や温度管理によって一度冬をメダカに感じさせ、その後人工的に春と同じ環境を作ることで産卵行動を促します。一斉に産卵させることで、稚魚の大きさのばらつきが少なくなり、エサの確保や共食いなどを防ぐ効果も期待できるのです。

Q 室内でメダカを飼っていますが、数が増えたので、屋外飼いに変えようと思っています。室内で飼っているメダカを屋外へ移す際の注意点はなにかありますか？

A メダカは急な水温変化によってストレスを感じてしまいがちです。そのため一週間くらいかけて、少しずつ屋外の水温に近づけていきます。温度差以外は、とくに注意点はありません。

いいメダカとは健康なメダカのことだと考えた場合、例えば水温が5度以上異なる水槽にいきなり移してしまうと、人間でいう風邪をひいた状態になり、体調不良で感染症にかかりやすくなります。また、水温差が大きすぎてしまえば心臓麻痺で死に至ることもあるので注意が必要です。

Q 水槽にコケが生えてしまい、美しくありません。除去剤を使ってもメダカや卵に本当に影響はないでしょうか？　また水草などは大丈夫でしょうか？

A コケは、水質がアルカリ性に傾くと発生しやすいとよく言われています。

メダカや卵への影響については、市販されている薬品を規定量入れるのであれば問題ありません。魚に害があるかどうかは、ラベルをよく読み、それから購入・使用してください。

水草の中にはコケに近い植物も多く、除去剤が水草に影響がないとは言い切れません。もし薬品を使用してコケがなくなったとしても、ウイローモスなどのコケに近い水草がダメージを受けてしまうこともあります。また魚に無害と記してあっても、バクテリアに無害とは書いてありません。水質安定維持循環バクテリアのサイクルを壊してしまえば、メダカにとって大きなダメージとなります。

Q 台風が近付いています。雨量が増すと屋外で飼っているメダカの水槽の水が溢れてしまう可能性があり、メダカが流れてしまったりしないか心配です。もし危険性があるなら、対策法を教えてください。

A 台風対策には、雨と風がポイントとなります。まず、雨が水槽に入るのを防ぐため、水槽より大きめのフタをします。ここで注意すべきは、水槽を密閉することで酸欠を起こすことがあるということ。水槽とフタの間に隙き間ができるよう、木材などを間に挟み込むと良いでしょう。

次に、フタが風で飛ばされないようにしなければなりません。私の場合、ベランダの屋根などによく使われる透明プラスティックの波板をフタにして、木材を挟み、ブロックを乗せます。もし知り合いに大工さんがいるのなら、解体した家のアルミサッシのガラス戸を貰って利用するのもおすすめです。もちろん酸欠にならないように隙き間は必ず開けてください。

Q 室内飼いをしています。型はとてもキレイなのですが一匹だけ暴れているメダカがいます。親メダカとして適していますか？

A 繁殖力の旺盛なオスの中には、特に繁殖期になると水槽内の一角をなわばりにし、そこに侵入する他のオスや気に入らないメスを追い払ってしまう個体もいます。

解決方法としては、相性の良いメスを探してあげると良いです。しかし相性が良くても元気なオスに追いかけ回され、体力が消耗してしまうこともあるので、しばらくは観察が必要になります。

他にも飼育密度を下げて、水草などで追い回されるメスの隠れ場所を作ってあげるとうまくいくことが多いです。

このようなオスは、体系がしっかりした丈夫な子供を作るので、繁殖親として大切にしてあげましょう。

Q 稚魚がなかなか大きくなりません。どうしてですか？

A エサ不足が原因。稚魚の中で数匹だけ他の稚魚に比べて育ちが悪い個体が出てきた場合は、もしかしたらアルビノなどの弱視系メダカやスモールアイかもしれません。早い段階で選別して隔離飼育をしてあげましょう。アルビノの場合はランプを付けて、細かなエサを与えることで生存率は上がるはずです。

Q 花壇用に雨水を貯めています。メダカの飼育水としても使えますか？

A 使っても問題ありません。

Q 水面に油膜が貼ってしまいました。そのままでも大丈夫ですか？気になるので取り除きたいのですがいい方法はありますか？

A 水面に油膜があるということは、油膜によって水中に酸素が上手く取り込まれず、酸欠状態になっている可能性があります。まずは、油膜の原因を取り除くことが大切です。私の場合、ティッシュペーパーを水面に浮かせ、真中をつまんで持ち上げる方法で油分を取り除いていますが、もしかするとキッチンペーパなどの方が効果的かもしれません。これを何度かくり返せば、水面はきれいになります。

Q 季節の変わり目で気をつけることはありますか？

A 季節の変わり目は、一日の気温差が大きくなります。当然、水温も朝と昼とでは気温差が大きくなるため、体調を崩しやすく、白点病や鰭腐れ病などの細菌感染症にかかりやすくなります。消化不良なども起こしやすいので注意して観察してください。

column 3

メダカをもっと知るために

メダカ専門の情報サイトを利用しよう

メダカ専門の情報サイトを利用して、メダカに関する情報交換をしたり、自分だけでは解決できない問題などを気軽に相談するのも、より良いメダカを育てるためのひとつの方法です。様々な情報をチェックして、メダカ飼育の輪をもっと広げましょう!

様々なメダカの情報や新種のメダカ情報をゲットできるサイト『めだかやドットコム』

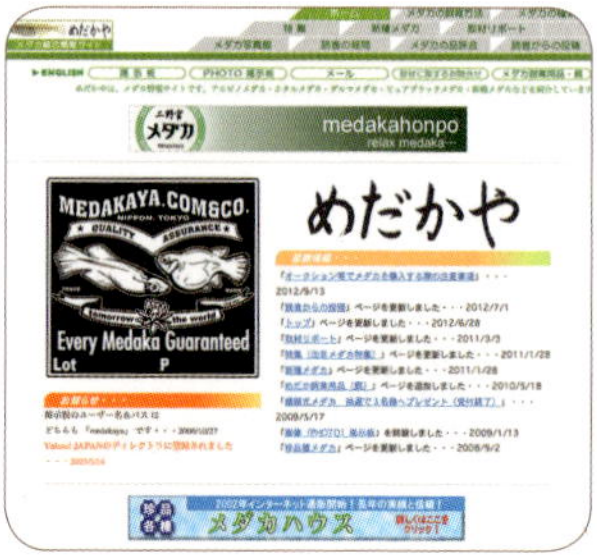

メダカ総合情報サイト
『めだかやドットコム』
http://www.medakaya.com/

メダカ専門の情報サイト『めだかやドットコム』では、メダカの飼育方法やメダカの種類などの基本的な情報から、絶滅危惧種とされている日本メダカの現状も掲載。和(改良)メダカ情報を中心に、新種メダカの情報もいち早く知ることができます。

また、実際にどのような変わったメダカがいるのかをメダカ写真館にて紹介しています。特集のページでは、メダカ写真館など、画像だけでは紹介しきれないことも掲載しています。

例えば最近では、本当に和メダカの種類が多くなり名前も様々で、違いが知りたいなど、メダカに関する質問に、可能な限り「読者の疑問」のページで画像を紹介するといった形で答えています。

また、「めだかや」に参加して、ご自慢のメダカの写真を送ると、その写真が「読者からの投稿」のページで紹介されたりと、メダカに関する役立つ情報や美しい写真が満載です。掲示板も設置されているので、みんなでメダカの情報交換などを楽しみましょう。

めだかやドットコムが答えるよくある質問

Q メダカがたくさん増えて来たので売りたいのですが、いい方法はありますか?また種類によって人気度や価格などがあれば教えてください。

A まず、どのようなメダカが増えたのかによりますが、普通のヒメダカ・白メダカ・黒メダカなどはあまり人気がなく、買い手を見つけるのは難しいです。最終手段として熱帯魚店に持っていけば、大型魚のエサとしてですが安価で引き取ってもらえます。人気の種類であれば、オークションやメダカ専門店などで、高値で取り引きができるかもしれません。実際に趣味が好じてメダカを販売をしている人は多く、私がプロデュースしてホームページを作った人の中には、「昨年1000万円も売りました」と喜んでいる人もいます。
しかし、人気度や価格は順次変化していくものです。自分自身で「こんなメダカがきれいだから、人気種になるだろう」と予測を立てて交配すれば、未来の人気種を自分の手で作れるかもしれません。メダカは交配の方法によって、まだまだ変化を続けていくはずです。

Q 自分の中で満足いくメダカができました。記録に残したいのですが、どんな方法がありますか?

A 写真や絵など記録方法はいくつかあります。また、メダカの品評会に出すのも面白いと思います。品評会の開催情報なども紹介致しますので、ぜひ、『めだかやドットコム』へご連絡ください。

第2章

メダカの繁殖の基礎知識

他の魚に比べて、メダカの繁殖はとても簡単です。
そのため、愛好家によっても楽しみ方はさまざま。
ただ繁殖させるのではなく、
目的を持って、上手に繁殖させてましょう。

メダカ繁殖の基礎知識

**メダカを育てる上での醍醐味ともいえる繁殖。
まだ歴史が浅いため、新しい発見や新種作出などの楽しみがあります。**

自分が何を目的として繁殖させたいのか考えよう

メダカの繁殖はとても簡単です。水質と水温の管理だけで親メダカはどんどん卵を生み、繁殖していくでしょう。しかし、ただ単純に繁殖させるだけでは全てを知り、楽しんでいるとはいえません。

メダカは、品種がほとんど固定化されている金魚や錦鯉に比べて繁殖の歴史が浅く、改良メダカに関しては発展途上です。これから次々に面白いメダカが生まれ、品種の固定化も進んでいきます。また、理想とする個体を生み出すにはどんな掛け合わせが良いかなど、メダカの繁殖は奥が深く、楽しみ方もさまざま。まずは自分の理想とする繁殖のあり方を考えて見ましょう。

基礎1 メダカの固定率とは?

色合いや体型など親メダカの形質が子供に受け継がれることを「固定化」と言い、その同形質を受け継いだ子供がどれだけ産まれてくるかの確率を「固定率」と言います。また「新種メダカ」の定義としても固定化されているか、否かが重要です。

基礎2 掛け合わせの順番は重要か?

何種類かのメダカを掛け合わせたい場合、その順番も大切になります。自分の理想とする色合いや体型があるならなおさら。まず掛け合わせる個体の色素や遺伝子の優劣などを調べてから、親を選別してみましょう。理想の個体が生まれる近道になるはずです。

基礎3 親メダカを何匹水槽に入れるのがベスト?

親メダカの数は上級者なら1対1交配も可能ではありますが、交配の確率を上げるのであればオス1匹に対し、メス2匹が理想といえます。また効率よく産卵させるために、産卵用水槽に分けて環境を整えてあげると良いでしょう。

基礎4 親の選別眼を養う

交配には親の選別がとても重要になります。通常なら健康状態や体型・体色の美しさを見て選別することが多いのですが、新種作出に挑戦するなら少しの変化にも気付く選別眼が必要です。まずは数多くのメダカを見て、自分で育て、経験を積んでいくことが大切です。

交配から産卵、ふ化まで

親メダカの交配から産卵、ふ化までの管理はとても大変です。より多くのメダカを効率よく繁殖させるための手順をしっかりと学び、責任を持って育てあげましょう。

産卵

メスが産卵し、オスが放精して卵が受精します。産卵は早朝に行われることが多く、しばらくはメスのお腹に卵がくっついたままになっています。その後メスが水草に卵をくっつけてから一週間ほど様子を見て、水草ごとふ化用の水槽に移動させます。

ふ化後3ヶ月〜2年

交配

メダカの産卵期は春から夏にかけて。この時期に親にしたいメダカのオスとメスを、産卵用の水槽に入れましょう。メスと対面したオスは興奮し、腹ビレが黒くなります。そしてヒレを広げて一生懸命メスにアピールするのです。

数日後

10日〜2週間後

ふ化

卵の中で細胞分裂をくり返して産まれてきた稚魚は、丈夫な卵を酸素によって溶かし、しっぽから出てきます。また水槽内の水温が高ければ高いほど、ふ化までの日数は早くなります。理想の水温は25度ですが、種類によっても適正温度は異なります。

1ヶ月半後

成魚と合わせる

稚魚の体が成魚の半分ほどの大きさまで成長すれば成魚に食べられてしまう心配はありません。親と同じ水槽に移してあげましょう。そのとき、1匹につき1リットルの水は確保してください。また、水草を入れて稚魚がエサを食べやすい環境を作ってあげることも大切です。

背骨がS字に曲がるなど、環境によって起こる変化、獲得形質のこと。遺伝はしない。

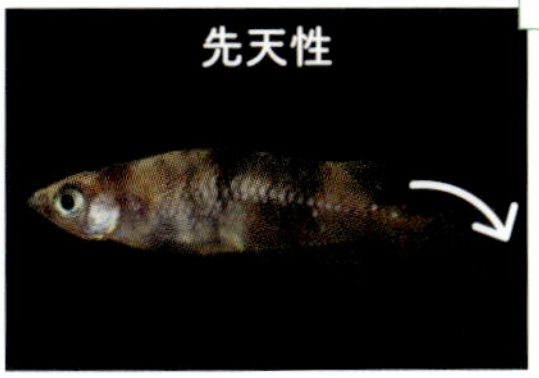

尾が下がるなど、親から子に受け継がれる産まれ持った遺伝子のこと。

基礎6 遺伝子のしくみを知る

理想のメダカを作るためには、親の形質が先天的なものなのか、後天的なものなのかの見極めが重要です。また通常、メダカは体色や体型など遺伝子上での変化の場合は固定化し、獲得形質の場合は遺伝しないといわれています。しかし長い年月をかけて獲得形質を積み重ねていった場合、その生物は環境に合わせた進化を遂げていくのです。(詳しくはP104へ)

基礎5 メダカが卵を産まなくなったときの対処法

稀に親メダカが卵を産まなくなってしまうことがあります。これは人工的な繁殖方法などによる卵の産み過ぎが原因と考えられ、対処法としてはパートナー変えや水温を下げるなどの環境替えが効果的です。水温を下げた場合は、一週間ほどでもとの水温に戻します。その後、またメダカが卵を生み出したら大成功。もとの状態に戻してもう一度環境を整えましょう。

繁殖の時期と準備

**メダカの繁殖に適した時期や条件があります。
より良い環境で繁殖できるよう、きちんと準備をしてあげましょう。**

自然のサイクルにまかせた繁殖が一番

自然界の中で暮らすメダカは通常春から夏にかけて繁殖を行い、冬になると仮死状態になって春が来るのを待ち、暖かくなるにつれて行動が活発化し、また繁殖を行うという一年を過ごしています。

飼育下におけるメダカも自然にまかせたサイクルで繁殖させるのが理想的と考えられています。一方、現在ではヒーターや蛍光灯などを利用して水温＋日照時間の調節を行い、擬似的に繁殖に適した環境を作ることも可能です。実際にこの方法で一年中繁殖を楽しんでいる飼育者も多いです。しかし、人工的な繁殖方法には、さまざまなリスクが伴うことも忘れてはいけません。

交配から産卵、ふ化まで

メダカの繁殖には「水温＋日照時間」が大切です。この2つさえ管理すれば、一年中繁殖を楽しむことができます。まず水温は18〜25度が理想的といえ、日照時間が13時間以上保たれている環境が繁殖に適しています。これは、自然界における春から夏にかけての環境と同じ状態を差します。

産卵する時期	5月〜9月
水　　温	18〜25度
日照時間	13時間以上
産卵する年齢	ふ化後3ヶ月〜2年

ふ化後半年以上の若魚がベスト

産　卵　数	1回につき5〜20個

**水温25度以上、日照時間13時間以上の
環境で産卵を始めます**

9月	10月	11月	12月	1月	2月
	産卵が終わる		冬眠し始める		

準備するもの

まずは、ふ化用水槽を用意します。これは卵や生まれてきた稚魚が、親メダカに食べられてしまうのを防ぐためです。次に日照時間を13時間以上保てるよう、蛍光灯も用意します。昼間は日光をあてて、日が沈んだら蛍光灯の光に切り替えましょう。最後に卵を産みつける水草、もしくは産卵床となるシュロを入れてください。これで準備は万端です。

照明

蛍光灯の照明

LEDの照明

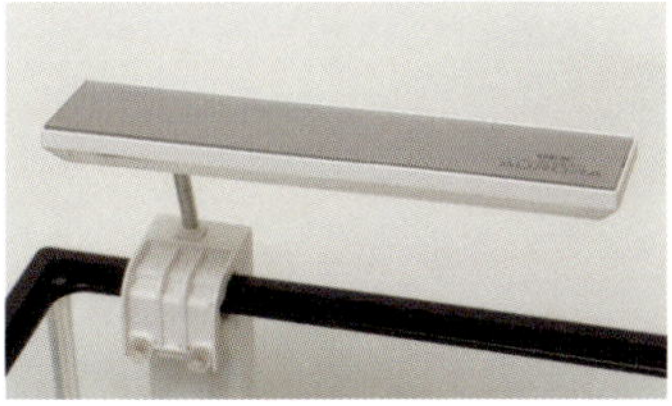

日照時間を保つことが大切。日照時間を13時間以上に保つため、蛍光灯やLEDライトなどを利用して調整します。

水草、産卵床

卵が産みつけられたら、産卵床ごと取り出す。

飼育できる量だけ増やすことが大切

親メダカの数を10匹ほどで繁殖させると、あっと言う間にすごい数のメダカが生まれてしまいます。そうなると水槽10個ぐらいで管理しなくてはならないため、一般家庭では飼育が難しくなります。まずは少ない数の親メダカから繁殖を始め、慣れてから少しずつ増やしていきましょう。もし増え過ぎても、近くの川や田んぼなどに放流してはいけません。それにより生態系を崩してしまう危険があります。

注意

繁殖時の注意点

人工的な繁殖方法は通常よりも繁殖スピードが早いため、その分理想の個体に出会う確率も高まります。しかし過保護な環境のせいで弱い個体が育ってしまったり、親メダカに至っては休む期間を与えないことで卵を産まなくなり、場合によっては早死にしてしまうこともあるのです。また、長い期間水温を上げることで水質悪化を早めてしまい、水槽内にも悪影響を及ぼします。

産卵スケジュール

3月	4月	5月	6月	7月	8月
活動を始める					
親を選別して、産卵用水槽に入れる					
		5月～7月にかけて、受精した卵が付着した水草を別の容器に移す			
		約10日～2週間で卵のふ化が始まる			
	4月後半～5月連休明けくらいに産卵を始める				
日中は水槽が日に当たるところに置き、夜は蛍光灯で日照時間を13時間に保つ					

親メダカの入手方法

美しい姿や色は、親メダカからその子供や孫に受け継がれる場合があります。親の選出は、じっくり慎重に行いましょう。

繁殖の目的を考えて、親メダカを探すことが大切

繁殖の楽しみ方は、飼育者によって異なります。自分の理想とする個体を追い求めるのか、それとも新種作出を目指すのか。親メダカの選別には、とても重要な要素です。

作りたい種や色がある？

繁殖が簡単なメダカだからこそ、飼育者によって楽しみ方も異なります。まずは繁殖の目的をきちんと考えることが大切です。

YES

理想とする個体を追い求める

固定率の高い個体同士を掛け合わせれば、ほぼ同形態のメダカが誕生するため、理想の色や体型をした個体が生まれやすくなります。

NO

新種作出や珍しい個体を狙う

いろいろな遺伝が混ざり合った固定率が低い個体同士を掛け合わせると、新種作出や面白い個体が誕生する確率が高まります。

柄の位置を固定化することはできない

親メダカの選別はとても重要な項目の一つです。人間と同じように、メダカも親メダカの形質をある程度引き継いで生まれてきます。まずは繁殖を始める前に、自分がどんな個体を作りたいか考え、それに見合った親メダカを探すようにしましょう。

また飼育者の中には、親メダカの美しい柄をそのまま固定化させたいと願う人もいます。しかし現在では色の固定化はできても、柄は一代形質なため同様の柄を発生させるのは難しい問題です。ただし、メダカは他の魚と比較して突然変異が起きやすいため、近い将来、柄の固定化が可能になる日がくるかもしれません。

知っておきたいオークション利用のおとし穴

簡単に繁殖できるメダカはアマチュアでも面白い個体が生まれることが多いため、そういった個体やその子供が、オークションなどで売買されているのをよく目にします。

しかし、オークションの場合、そもそも出品されている稚魚や卵が本当にその個体の子供なのかも不明ですし、混血によってたまたま生まれた個体なだけで、形質が子供に引き継がれているとは限りません。

個体を観賞用として落札するならまだしも、その子供とうたわれた体色もはっきりしていない稚魚やふ化していない卵を高値で落札するのには疑問を抱きます。

良い店の条件とは…

- □ メダカが元気に泳いでいる
- □ 水質管理をきちんとしている
- □ 過密飼育をしていない
- □ 種類や固定率などのデータが見れる
- □ 自分で好きな個体を選べる

こんな店はやめよう

水槽内に死んだ魚が混ざっていたり、水槽が白く濁っているようなお店は避けましょう。水質管理の問題で、メダカが病気を持っている可能性があります。またメダカの種類名には決まった規則がないため、販売店によって異なる名前がつけられている場合もあります。

親の選別方法

メダカの体型や健康状態をきちんと見極めて、より良い親メダカを選びましょう。

色にこだわる方法もある

ブリーダーの中には、珍しい色・鮮やかな色を追い求める体色重視の人もいます。例え背骨が曲がっていても、いい色のメダカを親として使用しているため、特別きれいな体色を持ったメダカが生まれてきます。これはあくまでも個人のこだわりの問題。自分が美しいと思うメダカを親にするのが一番なのかもしれません。

普通種　特徴

基本的に背曲がりなどが少ない種類。普通種で背が曲がっていたり、歪んでいる場合は奇形と判断できる

背骨がまっすぐに伸びているのが基本。ヒレがきれいに開き、胴体にも厚みがあると良い。

背骨がくの字に曲がっていたり、歪んでいるのは避ける。ヒレがすぼんでいるのも親に向かない。

地味でも背骨がまっすぐなのがポイント

親メダカの選別には、飼育者のこだわりが大きく影響していきます。通常であれば美しい体色に目がいきがちですが、やはり体型重視で選別するのがおすすめです。

　体色はその後の掛け合わせ次第で、いい色ができる可能性があります。しかし体型は、一度背骨が曲がってしまうとまっすぐな状態に戻すことが難しくなってしまうのです。そのため、種類の特長をできるだけ多く持った、背曲がりのない美しい体型の個体を選ぶようにします。

　また親メダカを購入する場合、春前の3月〜4月ぐらいに生後半年以上経った若魚を選ぶと良いでしょう。

○ 背骨を中心にひし形の体型。コブが小さく、頭から背中にかけて緩やかに盛り上がっている。

特徴 ダルマ

背中にコブができやすい種類。昔はしっかり厚みのあるコブが珍しく感じられ、良いとされていた。

× 背中にしっかりしたコブがあり、体型がひし形の中に収まっていない。

○ 普通種と同様に背骨がまっすぐ伸びていて、ヒレもきれいに開いているのが理想的。

特徴 ヒカリ

普通種の下の部分が上の部分にパタッと転写したように、上下が同じになっている。背骨を中心に歪みやすい。

× ヒレに元気がなくすぼんでいて、背骨が歪んでいる。または、曲がっている個体に注意。

○ 背骨がきれいにまっすぐ伸びていて、体型が背骨を中心にひし形の中に収まっている。

特徴 ヒカリダルマ

他の種に比べて、比較的背骨が曲がりやすいのが特徴。体型の崩れが先天的か後天的かの見分けが難しい。

× 尾が落ちて、背骨が波打っている。真ん中からくの字に曲がっていたら奇形の可能性大。

ふ化のための準備

卵を上手にふ化させるための準備をして、万全の状態でふ化する日を楽しみにしましょう。

用意するもの

シュロ

〈卵を産み付ける産卵床〉
水草よりも、シュロで作ったものを使う。

照明

〈日照時間の調整〉
1日の日照時間を保つため、蛍光灯を使用。

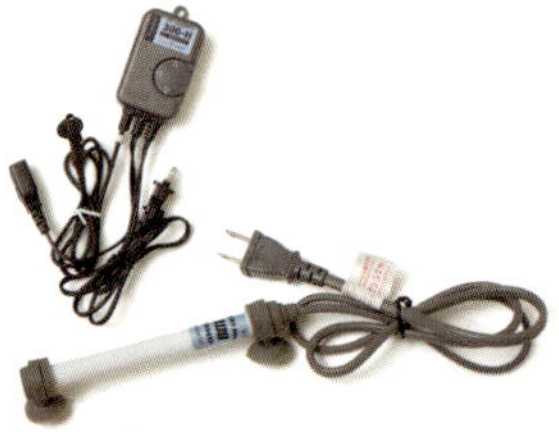

ヒーター

〈水温の調節〉
設定温度は種類によって異なるので要注意。

底石はNG

産まれてきたばかりの小さな稚魚が底石の隙間に挟まってしまう場合があるので、繁殖時には底石などは敷かないようにしましょう。

水質

カルキ（塩素）抜きをした、きれいな水を使用。通常は弱酸性の水ですが、スモールアイを作るならアルカリ性がおすすめです。（詳しくはP110へ）

日照時間

1日13時間以上が基本となります。屋内なら蛍光灯などを使用して日照時間を調節し、夜になったら必ず消すようにしてください。

水温

通常時より少し高めの25度に保ちましょう。またダルマやミユキ（螺鈿光）の場合、それよりも高い28～30度が理想的です。

ふ化用の水槽、蛍光灯、産卵床を用意しよう

ふ化の準備には、ふ化用の水槽がとても大切です。これは、親メダカが入っている繁殖用の水槽とは別の物になります。卵が産まれた後に、移動できるよう前もって用意しておきましょう。

次に、日照時間を13時間以上キープするため、蛍光灯などの照明器具を準備してください。親メダカが卵を産みつける産卵床には、水草よりもシュロで作った産卵床がおすすめです。他にも、卵をふ化用水槽に移動させるアミなどがあるとより良いでしょう。

またふ化の水槽には、卵の時期からエアレーションを付けると、ふ化卒が格段に上がります。

ヒカリダルマの背まがりは、ふ化のときから防ぐ

他の品種に比べ、背まがりを起こしやすいヒカリダルマ。美しい体型へと育てるためには、成長過程に合わせた的確な水温管理が必要です。

背骨がまっすぐに伸びているのが基本。ヒレがきれいに開き、胴体にも厚みがあると良い。

背骨がくの字やS字に曲がっていたり、歪んでいるのは避けましょう。ヒレがすぼんでいてもダメ。

卵の段階から始まる細かな水温調節

ヒカリダルマは、管理がとても難しい品種です。水温管理は、細胞分裂が盛んな卵の段階から始めてください。まず産卵時より水温を2、3度下げた水槽に卵を入れ、低温でゆっくり育てます。卵がふ化してから、成長に合わせて徐々に水温を1、2度ずつ上げていき、30度の高温飼育を目指します。これが美しいヒカリダルマを育てる秘訣です。

先生からのアドバイス

ふ化から制御までの温度管理

採卵し、卵をふ化水槽に移す時点で24°Cくらい。そこから1週間に1°Cずつ徐々に温度を上げていき30°Cでキープします。

ふ化用水槽へ移動する

卵が産みつけられたら、ふ化用の水槽へ移動しましょう。ふ化までの期間は、水温や日照時間の管理が重要になります。

親メダカから卵を守り、稚魚まで育てよう

産卵後のメスは、しばらく卵をお腹につけたまま生活します。卵はやがて自然と水底に落ちるか、メスが水草に卵を付着させます。メスの体から離れた卵は、水草ごとふ化用の水槽に移動させましょう。これは産み落とした卵や稚魚を、親メダカがエサと間違えて食べてしまうのを防ぐため。もちろん親メダカを別の水槽に移動させてもかまいません。

卵のふ化には約10日～2週間ほどかかりますが、この期間は水温+日照時間の管理が大切になってきます。生まれてきたメダカが成魚の半分ぐらいの大きさに育つまでは、成魚と同じ水槽に入れないようにしてください。

卵の扱い方

無精卵を取り除く

たくさん産まれた卵の中には、無精卵のものが含まれていることもあります。残念ながら、無精卵はいくら待ってもふ化することはありません。しかもそのまま放置しておくとカビが生えてしまうため、無精卵と分かるものは取り除くようにしましょう。透明なものは有精卵、白く濁っていて壊れやすいものは無精卵。特に有精卵は、割り箸で軽く挟んでも割れないほど丈夫にできています。

卵の移動の仕方

メスが卵を水草、もしくはシュロに産みつけたらすぐに取り出すのではなく、1週間ほど様子を見るようにします。1週間後に卵が産みつけられた水草ごと、ふ化用の水槽に移動。このとき、カルキ抜きをした水を入れ、卵にストレスをかけないよう静かに移動させます。水温を25度に保った状態で、ふ化が始まるのを待ちましょう。水温が高ければ高いほど、ふ化までの日数は早まります。

ふ化スケジュール

**受精からふ化するまで、卵の中では日々いろいろな変化が起きています。
感動的な誕生の瞬間を、ぜひその目で観察してください。
また、ふ化までの間、エアレーションをすることも忘れずに。**

受精半日後

卵の中で細胞分裂が盛んに行われている時期。見えづらいですが、中心部分には栄養分が入った袋があります。

受精3日後

この時期から変化が表れます。頭と目になる部分がはっきりとし始め、背中となる部分には黒い色素胞が見えます。

受精5日後

目となる部分がはっきりと黒く色づき、うっすらと血管が見えるように。体も長くなり、メダカらしくなっていきます。

受精1週間後

体のほとんどができ上がりました。卵の中では胸ビレを動かしたり、ぐるぐる回ったりと泳ぐ練習を始めます。

受精10日後

目の周りが金色になり、だいぶくっきりしてきます。もう卵の中では窮屈。ふ化の時期が近づいているようです。

ふ化

酸素で丈夫な卵の膜を溶かし、しっぽから元気に飛び出てきます。お腹には、栄養分を蓄えた袋が付いています。

ふ化にかかる日数計算

日数(日)＝250÷水温(℃)

産卵後からふ化するまでの時間がわかります

産卵からふ化するまでの日数は、水温によって変化します。計算の仕方は、250を水温（度）で割る方法。つまり、理想とされる水温（25度）の場合、産卵からふ化までには10日ほどかかるという計算になるのです。このため、早くふ化させたい飼育者は温度を高くすればいいと思いがちですが、それがかえってふ化の妨げになることもあります。

うまく産卵しなかったときの対処法

まず、水温と日照時間を確認。水温は25度、日照時間は13時間キープできるようにします。次に、産卵には体力が必要です。十分な量のエサを与え、きちんと食べているかも確認してください。また、交尾が下手なダルマメダカは、産卵しても無精卵が多いのが特徴です。交配が難しい品種がいるということも覚えておくと良いでしょう。

稚魚を育てる

生まれた稚魚が元気に育つような環境づくりが大切です。基本的な知識をおさらいしておきましょう。

産まれてきた水で稚魚を育てるのがベスト

生まれたばかりの稚魚は、目に見えないほど小さい体をしています。卵のふ化が進むと、水槽の中ではたくさんの稚魚が泳ぎ始めるはず。エサはできるだけ細かいパウダー状のものを与えるようにします。もしエサを与えているのに他の稚魚に比べて育ちが悪い個体が現れたら、それはスモールアイの可能性があります。早い段階で他の水槽に移動させましょう。

稚魚は、ふ化から1か月ほどで、成魚の半分ぐらいの大きさに成長します。ここまでくれば成魚と同じ水槽で暮らしても大丈夫。エサと間違えて成魚に食べられる心配はないので、親メダカのもとに戻してあげましょう。

稚魚のための水槽レイアウト

大切なのは水草。小さな体を隠せる水草は、親に邪魔されることなくエサを食べるのに便利です。ろ過装置は稚魚があやまって吸い込まれてしまう危険があるので付けません。

上手に育たないときは

一番疑われるのは、エサがきちんと食べられているかです。体も小さく、口も小さな稚魚には粒が小さい稚魚用のエサを与えてください。また、グリーンウォーターの中で稚魚を育てるのもおすすめ。稚魚も病気にかかることがあるため、よく観察するのも大切です。

生まれたての青メダカ。

水槽の中で元気に泳ぐ青メダカの稚魚。

稚魚が育つ環境

**稚魚の時期は、死亡率が最も高いとされています。
より多くの稚魚を成魚まで育てるには、どんな環境が適しているかを知りましょう。**

少しの環境の変化でもショックを起こしてしまうほど敏感な稚魚。しばらくは、一番過ごしやすい生まれたときの水のままで飼育してください。水温は少し高め、水換えは成魚と同じで問題ありません。稚魚があまりにも多くなってしまったら、別の容器に移動させましょう。

ショップなどでは、発砲スチロールなどの容器を利用して、稚魚をこのような形で販売していることもあります。

稚魚のための水槽レイアウト

水温	理想は25度。しかしダルマやミユキ(螺鈿光)の場合、28〜30度に合わせると良い
水質	ふ化したあと、水換えはせずに生まれたときの水を使用する。環境をなるべく変えない
水換え	成魚と頻度も方法も同じで問題ない。稚魚はとても小さいため、十分に注意が必要
稚魚の密度	稚魚の場合は、神経質にならなくても大丈夫。密集しているようなら、別の容器へ

稚魚の成長・体の変化とエサ

(ふ化2日後)

まだメダカが小さすぎるため、目には見えません。この時期はエサを与えなくても、卵の中で蓄えた栄養分で大きくなります。

(ふ化3日〜14日後)

日々成長するメダカは、まだ針の先ほどの大きさですが、とても食欲旺盛。エサが食べられないと死んでしまいます。

(ふ化15日〜1ヶ月)

だいぶ魚らしくなってきました。ここまでくればひと安心。口も大きく、エサもたくさん食べられるようになります。

(ふ化1ヶ月半後)

体もしっかりとして、メダカらしくなってきました。エサをたくさん食べて成魚の半分ほどの大きさまで成長していきます。

メダカの郵送方法

たくさん繁殖したメダカを、仲間や友人におすそ分けしたいときなどに使える、メダカの郵送方法を紹介します。

成魚の郵送

注意

袋の角は丸くしよう

角が丸くなっている袋を用意。もしもない場合は、通常の袋で代用することもできます。その袋の中に水と酸素を入れてあげましょう。

作り方

1 袋の両端を折る

中の様子が分かりやすいビニール袋を用意。袋の角にメダカがはさまらないよう、端を折る。

2 テープで止める

両端が丸くなるように折ったら、セロハンテープで止める。角をなくすのがポイント。

しっかりと固定して送ることが重要

メダカの繁殖にも馴れて、数も増え始めると、愛好家同士でメダカを送り合うことがあります。

メダカの郵送には、とても気を使います。適当な郵送方法で送ってしまうと、箱を開けたら死んでいたというトラブルも少なくありません。メダカの成長過程によって、郵送時の梱包方法が異なることを覚えておきましょう。また、メダカを入れた容器を段ボールに入れるとき、容器が動かないように周りをきちんと固定するのも大切です。

しかし卵を郵送する場合、繁殖に慣れた飼育者でも、全ての卵を成魚まで育てるのは難しいということを覚えておきましょう。

稚魚の郵送

空気は入れず、水をたっぷり入れます。1日2日程度なら酸素なしでも大丈夫。最後までしっかりと水を入れたら、フタを閉めます。

ペットボトルを使うのが一番簡単です。ただし死んでしまう危険性も多いので、あまりおすすめはできません。ビニール袋の場合空気を入れるため、郵送時に袋が揺れて稚魚が張り付いてしまうことがあります。そのため、稚魚はあまり輸送しないのがベストです。

段ボールに入れるには…

段ボールにメダカが入った容器を入れ、周りを丸めた新聞紙やエアパッキンなどで固めてあげましょう。容器が中で動いてしまうと、メダカが外に飛び出してしまったり、水が漏れてしまうことがあります。容器が動かないように、しっかりと固定してあげることがポイントです。

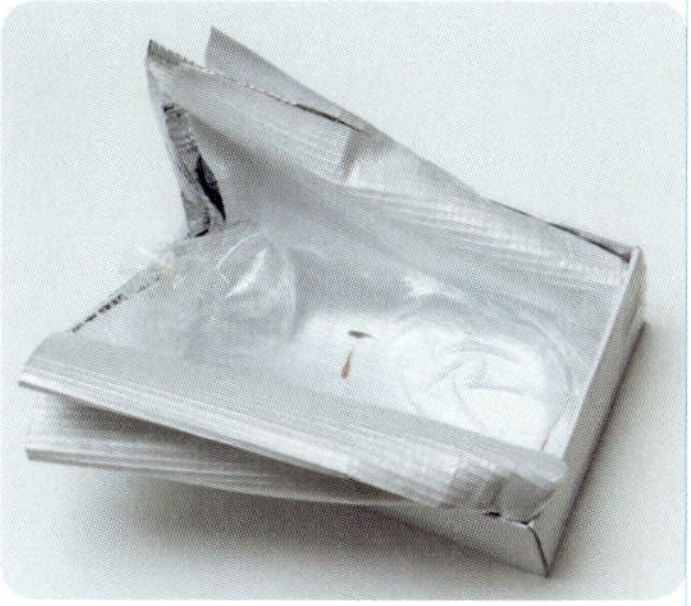

メダカが入った容器が動かないよう、緩衝剤などを入れ、周りをしっかりと固定する。

卵の郵送

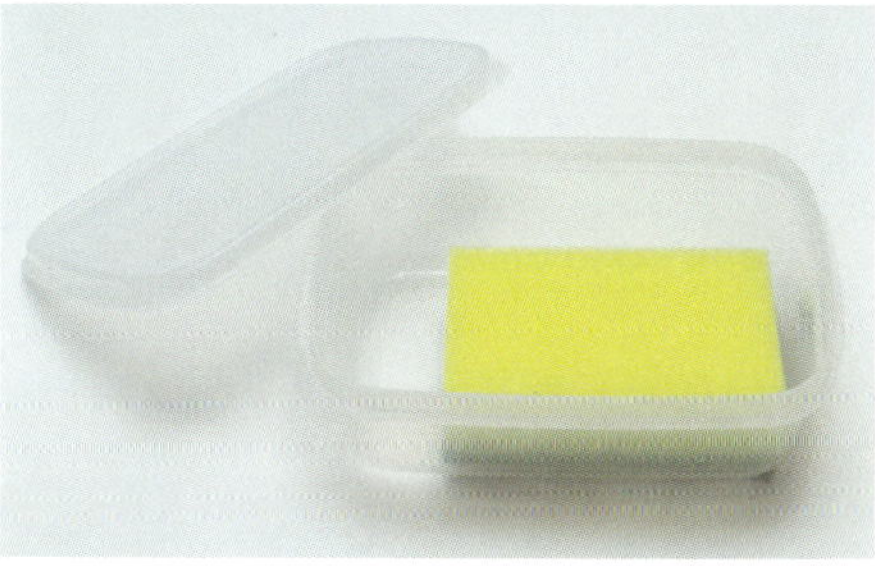

卵が置かれたスポンジは、タッパーなどの容器に入れて送ります。押されても潰れないような頑丈な物に入れてください。

目が付いてきた有精卵(生後3日～4日ぐらい)をピンセットで軽くつまみ、乾燥しなよう濡れたスポンジに一粒一粒分けて並べます。卵が水草についている場合は、水草ごと濡れたキッチンペーパーに包んで、つぶれないようにタッパーなどに入れて送るのもいいでしょう。

屋外繁殖の方法

**ベランダや庭で、気軽に楽しめるのが
屋外飼育の魅力。より自然に近い環境で、
のびのびとメダカを育てることができます。**

用意するもの

まずは屋外での繁殖用の容器と、卵と稚魚を育てる容器の2つを用意します。メスが卵を産みつけられるように、水草なども入れてあげましょう。屋外なので、自然のままで十分。水温の管理や日照時間を調節するライトなどは使用しなくても繁殖していくはずです。

屋外繁殖の注意点

注意

屋外飼育と注意点はほぼ同じ。雨や台風のときには、容器の上に蓋をします。また外敵などからメダカを守るため、水面まで少し距離を放してアミをはるようにしてください。毒針を持つヒドラや数が多くなると水草の葉を食べてしまう巻貝には、特に注意が必要です。

自然な環境の中で自由に繁殖を楽しもう

　一般的には、屋内で繁殖をおこなう人が多いといわれています。しかし、屋外繁殖は本来の自然化で生きるメダカに近いため、さまざまな手間がかからないというメリットがあります。水温管理や日照時間を調節する必要もありません。もし日の当たりにくい場所なら、日の当たるところへ容器を移動させるだけ。それだけでふ化までの期間が早まります。

　産卵後は、屋内繁殖のときと同じように1週間ほどしたら、水草ごと卵を別の容器に移動させてください。また屋外で繁殖した卵は、屋外で管理するのが理想的。メダカは、環境の変化でストレスを感じやすい生き物なのです。

プロが教える

繁殖に関するQ&A

メダカの繁殖に関するさまざまな疑問を、プロの視点からわかりやすくお答えしていきます。

Q 産卵巣に卵を産みつけてくれません。どうしたらいいですか？

A メダカの産卵巣といえば、シュロ皮とホテイアオイの根が一般的ですが、最近は毛糸を束ねた物、ポリプロピレンなどの網など、いろいろな素材が使われています。

メダカの産卵は、粘着物によって産卵直後は排卵管近くに貼り付き、それから半日くらいで体から離れる、もしくは水槽底に落ちるのが普通です。卵はある程度固定されているため、卵が引っかかりやすい素材で産卵巣を作ると良いでしょう。

Q メダカの数が増え過ぎてしまいました。減らす方法、またはこれ以上増えないようにする方法はありますか？

A メダカの生息密度は決まっており、その密度を超えてしまうと自然淘汰によって優良の個体だけが自然に生き残り、密度を一定に維持します。対策としては水槽を増やさないことが一番です。

Q 狭いマンションの部屋でメダカを飼っています。メダカが産卵したあと、卵を取り出した方がいいと聞きましたが、水槽を別に用意するスペースがとれません。親メダカと一緒に飼うのは本当にNGでしょうか？ だとしたら何かいい方法はありますか？

A これはNGです。卵やふ化した稚魚は、親メダカに食べられてしまう可能性があり、ほとんど残りません。いろいろなタイプの隔離水槽が販売されているので、水槽が増やせないのであれば、親メダカの水槽内に隔離水槽を入れてあげると良いでしょう。

Q 卵が白くなってしまいました。ふ化する様子もないようなのですが、取り除いたほうがいいですか？　その場合、どうやって取り除くのがいいですか？

A それは無精卵かもしれません。無精卵や死卵は取り除いたほうが良いのですが、面倒であればそのままでも問題はありません。稀にその卵にカビが生えることもありますが、生きている有精卵に移ることはほとんどありません。どうしても取り除きたいのであれば、スポイトの先を卵が吸い込める大きさにカットし、無精卵や死卵を吸い込んで取り除くようにしてください。

Q 屋外でメダカを飼っています。屋外で飼う場合もエアレーションやフィルターを利用したほうが、繁殖や成長のためにはいいでしょうか？　良いとしたら何を選べばいいですか？

A 屋外飼育でもエアレーションやフィルターを使用するのが一般的です。しかしその設備管理も大変なため、耐費用効果（コストパフォーマンス）を考える必要があります。

エアーレーションは大容量の浄化槽用エアーポンプを使用すれば、水槽20個分は管理できます。フィルターは水槽1個に対し1つが好ましいです。

もうひとつの方法は全ての水槽をパイプでつなぎ、余分な水槽を1個足してエアレーションとフィルターをかけ、水を循環させる方法もあります。

Q 形の良いメダカのペアを作ることができました。このペアで、一年間卵を産ませた場合、何匹ぐらいに増やせますか？

A 健康なメダカの生涯産卵数は、約２０００個と言われています。産卵した卵をすべて成長させれば約２０００匹ということになりますが、実際には無精卵・死卵・稚魚死などがあるため、それを考慮すると上級者でも500匹程度が妥当だと考えられます。

Q 外出前に水草に産みつけられた卵を発見したのですが、帰宅後、見たら卵が食べられてしまっていました。改善するにはどうしたら良いでしょうか？

A メダカが積極的に卵を食べることはしません。しかし食卵を覚えたメダカは、日常的に食べてしまうため、食卵のクセをつけさせないのが一番だと考えられます。

エサが足りない場合に食卵が多くなるので、繁殖期にはエサの回数を増やすようにしてください。しかし、一日中メダカにエサを与えられる人も少ないはず。家族に協力してもらうのも良いですが、自動給餌機などの器具も販売されています。それを活用するのも一つの手かもしれません。

Q メスが卵を産む時間帯は決まっていますか？

A メダカの繁殖行動は夜明けから2時間以内が多く、稀に昼ごろに繁殖行動をするペアも見かけます。

ひとつ上の繁殖！

メダカで福祉革命

メダカを育てることが、何か社会福祉に役立てられないかという考えから、実際の福祉施設でメダカ育成をはじめました。
そんな青木先生の想いと状況をレポートします。

column 4

メダカで社会福祉に貢献することへの期待と挑戦

現在私は障害者の授産施設を支援しています。その施設は毎日豆腐を作り販売していますが、一日の売り上げは数千円。これでは当然そこで働く障害者の方々の工賃はとても低くなってしまいます。

数年前にその施設の理事長より連絡があり、施設でメダカを販売できないものだろうか？という相談を受け、チャレンジしてみようという話になりました。一般的な障害者の授産施設ではパン屋や豆腐などを販売しています。しかし、まずパンを焼く窯や豆腐作りの為に必要な什器を揃えるとなると、ものすごい費用が掛かります。それに引き替えメダカはどうでしょう？　必要なのはメダカの他に水と容器だけです。ということで、まず私がメダカを施設に寄付をして、繁殖と販売を開始しました。

今回一緒にメダカ育成に取り組んでくれた福祉施設地域活動支援センターさくらんぼ。

メダカを育成した経験を通して福祉のための実現化へ

貴重なメダカが作出できたので、インターネットオークションに出品。その他のメダカは駅等で数匹づつ小分けにして販売します。オークションでは数万円という価格がつき、駅の販売においても全て完売という結果になりました。この事業を継続的に行えれば、働く人たちの工賃を上げ、それぞれの自立した生活を実現することができます。また生き物を飼育するということは責任が生じます。仕事として決まった時間に餌を与えたり水替えをしなければなりません。これが情操教育にはとても良く、結果的に売り上げへと繋がるのです。私は出来る限り早く、一つの成功したビジネスモデルを作り上げ、全国の福祉施設へと広めたいと思っています。

メダカを育てている様子。元気なメダカがたくさん生まれました。

column 5

プロが教える ～PART①～準備編

メダカの撮影をしよう

美しいメダカの姿は、写真に撮って残しておきたいというのが、親心です。プロのカメラマンさんに誰でも簡単に撮影ができるコツを聞きました。まずは準備編。撮影専用のミニ水槽を作ってみましょう。

撮影用のミニ水槽を作ろう

小さい水槽なら、メダカが動き回らないので撮影しやすい!

メダカを飼っている人なら、その可愛い姿を写真に残したいと思うことでしょう。しかしメダカはとても動きが早いので、大きい水槽だとなかなかカメラで追うことができなかったり、ブレてしまってよく写せないという人も多いはず。そんなときは、まずメダカを小さい水槽に移して、行動範囲を狭くしてから撮影するといいでしょう。小さい水槽は100円ショップなどで売っています。アクリルケースなどを使っても簡単に作れるので、ぜひ試してみてください。

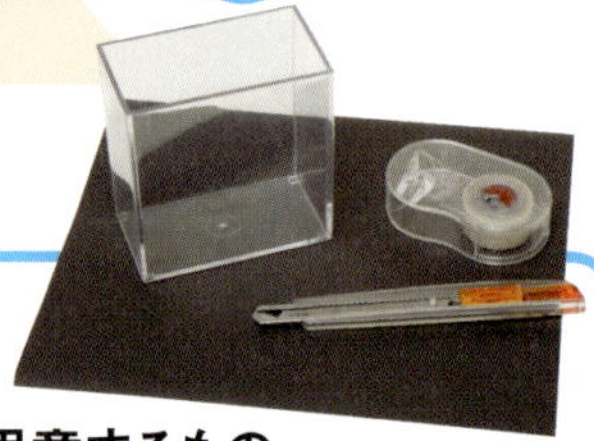

用意するもの

- □ 小さいアクリルケース(縦10cm×横10cm×奥行5cm程度。無い場合は、アクリルの板をカットして接着して作ってもOK)
- □ 黒い紙
- □ セロハンテープ

※カッターとカッター台、ペンなどを用意しておくと便利です。

1 型紙をとる

黒い紙の上にアクリルケースを乗せ、背面の大きさに合わせてボールペンなどで型をとります。

2 紙をカットする

型紙の線に合わせて,カッターで紙をカットする。カッター台などを使って,手を切らないよう十分注意して作業しましょう。

3 黒い紙を貼る

黒い紙をアクリルケースの背面に外側からセロハンテープで貼り付けます。上下左右ともきれいに貼るのがコツです。

完成!

POINT

水を少なめに注いでからそっとメダカを移す

もともとメダカが入っていた水槽の水をスポイトなどで1/3くらいまで入れます。あまり上まで水を入れるとメダカが動く範囲が広がってしまうので注意しましょう。また、ケースが小さいので、メダカを移す時は慎重に行ってください。

～PART②～実践編はP120をご覧ください。

第3章

新種のメダカを作る

新種作出には交配技術はもちろん、
遺伝に関する知識や経験が必要となります。
一方で、発展途上の分野だからこそ、
一般の飼育者でも新種を作り出せる
可能性があるのです。

アルビノ出目メダカ

ピュアブラックセルフィンメダカ

ブラックパンダメダカ

メンデルの法則を知る

新種を作ると言っても、やみくもに交配させていては意味がありません。遺伝の法則を理解することが新種作出への近道になるのです。

新種メダカを作り出して名付け親になろう

新種メダカの定義は、「今までにない色合いや体型をしていること。その個体を交配させたとき、その形質を受け継いだ子供が生まれてくること」です。現在の品種改良メダカは、いろんな種類の血が混じっているため、過去に受け継いだ遺伝子が突然現れることもあります。しかし、そういった個体がいきなり生まれるのは稀な話です。

通常は遺伝の法則を理解し、「この親メダカからは、こんな子供メダカが生まれるだろう」と予測を立てながら交配させていきます。そうやって根気強く、地道に交配を続けていくことが新種作出に大切なのです。

子供を予測する

子供が親に似るのは、人間もメダカも同じ。親メダカの色の組み合わせや強弱によって、子供メダカの色は決まります。遺伝の法則について学び、親選びのときに子供の色がどのように出るかを予測してから交配させましょう。生まれる子供を予測できるようになれば、狙った形質を持った子供を生ませることも可能になります。

優性と分離の法則

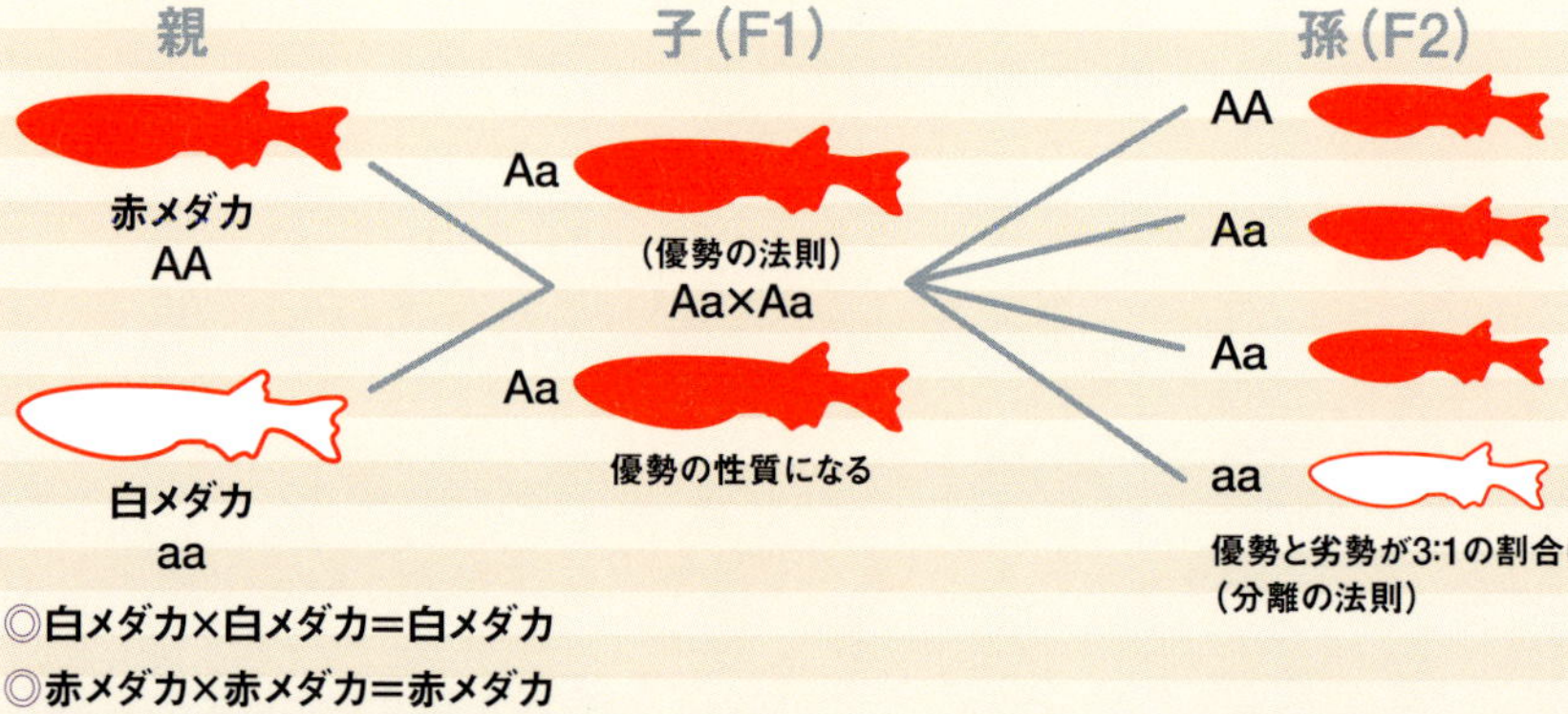
優勢と劣勢が3:1の割合になる

◎白メダカ×白メダカ＝白メダカ

◎赤メダカ×赤メダカ＝赤メダカ

◎茶メダカ×茶メダカ＝茶メダカ

メンデルの法則と優性と分離の法則

純系で形質の異なる親を交配させた子供(F1)は、両方の遺伝子を半分ずつ持って生まれます。しかしこの子供にはどちらかの優性形質だけが現れ、劣性形質は現れません。これが「優性の法則」です。このとき表面に現れる形質を「優性」、現れない形質を「劣性」といいます。次に、F1同士を交配させた子供(F2)には、優性形質を現す個体と劣性形質を現す個体が3:1の割合で現れます。このように、F1で現れなかった形質が、F2で現れることを「分離の法則」といい、それぞれの形質が無関係に遺伝することを「独立の法則」といいます。またF4、F5と交配を続けると体の弱い個体が生まれる可能性があるため、F3まででとどめるようにしてください。

赤の強いメダカを作るには

赤色の濃い個体を親にしよう

まずメダカには赤の色素がないため、純粋な赤色を作るには限界があるということを覚えておきましょう。方法としては、できるだけ赤色の強いオスとメスを交配させ、生まれたF1の中からさらに赤色の濃い個体同士を交配します。同じ用量でF2・F3と交配を進めていくことで、赤色の強い個体ができるはずです。また、途中で薄い黒色を持ったメダカやアルビノを交配させるという方法もあります。

先生からのアドバイス

突然変異について

親の形質と関係なく現れる突然変異には、トランスポゾンという遺伝子が深く関係しています。その遺伝子(トランスポゾン)は、動く遺伝子とも呼ばれており、染色体(DNA)の中で動き回って、正常な遺伝子に飛び込むことで遺伝子の働きを壊してしまうのです。またこの遺伝子は、大半の生物が持っています。しかし普段は全く動いていないか、動いても見えないことがほとんど。動く遺伝子の働きにより、変異が現れた1代だけの形質を作り出します。そのため次の世代に変異が遺伝しない場合は、この遺伝子が原因にあると考えて良いでしょう。

トランスポゾンの遺伝子を持つメダカ

遺伝について知る

メダカを繁殖させるとき、一番重要視されるのが体色ではないでしょうか。しかし体色は、親の遺伝子によって大きく変化します。

絵の具で色づくりしてみる

まずメダカの体色を作る3色（黄・白・黒）の絵の具で、いろんな色を作ってみましょう。その3色で作り出せる色なら、メダカでも表現できるはず。作り出した色を目指して繁殖させるのも面白いかもしれません。

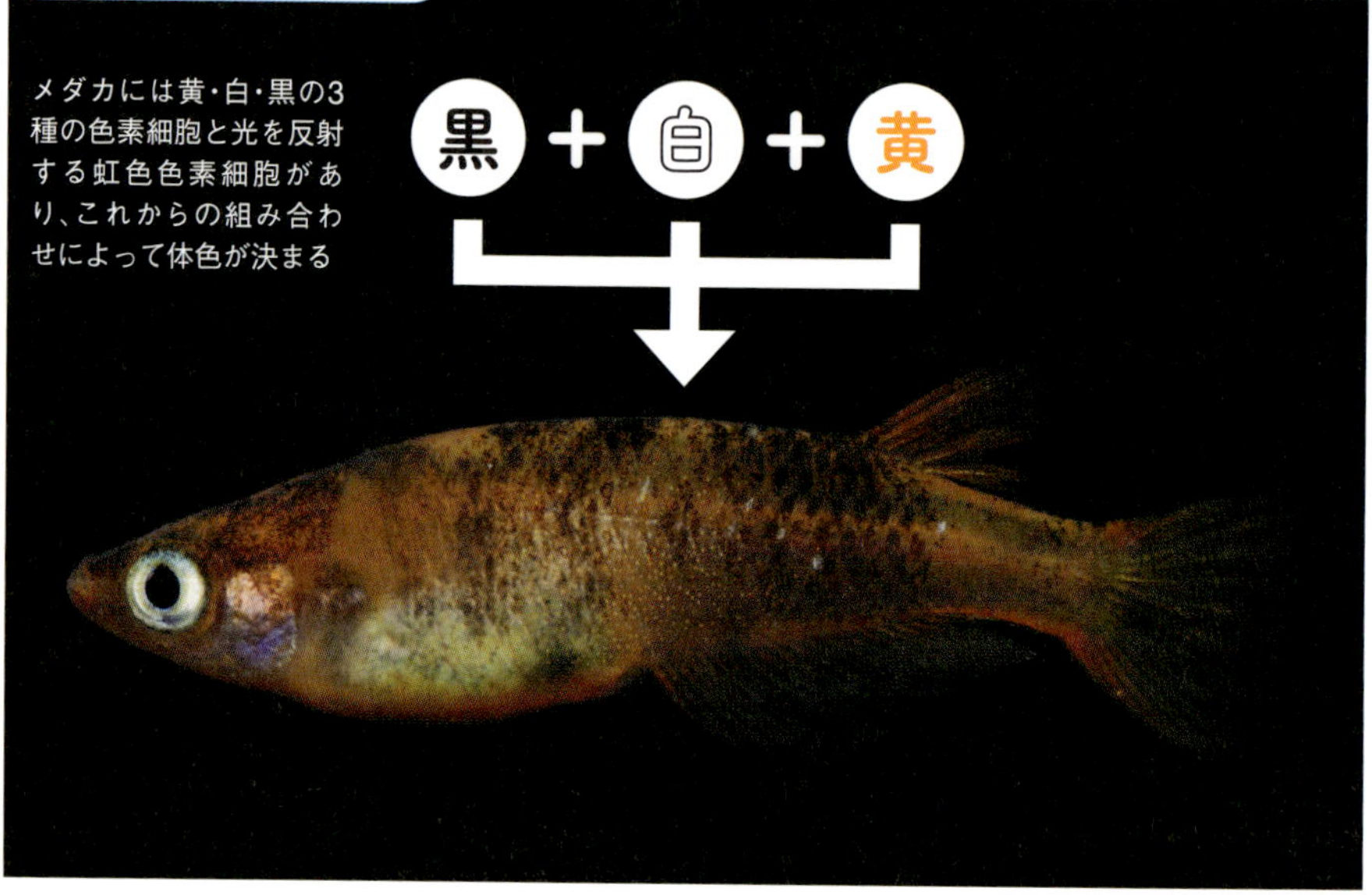

メダカには黄・白・黒の3種の色素細胞と光を反射する虹色色素細胞があり、これからの組み合わせによって体色が決まる

無限の可能性を秘めたメダカの体色

メダカの体色は、ウロコ内にある黄・白・黒の色素細胞と目の周りの虹色色素細胞によって決まり、周りの環境に応じて色を濃くしたり、薄くしたりできる保護色機能も持ち合わせています。

その色素細胞の少なさから、いろんな色のメダカが誕生してきた現在でも、一般的に美しいとされる鮮やかな体色を持った品種を作るのは難しいとされています。

しかし、改良メダカの歴史はまだまだ始まったばかり。この4種類（黄・白・黒・虹色色素細胞）の組み合わせによって、これからどんどん面白い体色を持った新種が誕生してくるはずです。

アルビノとは……

弱視で弱い品種なためエサを与えるときにはランプを使い、光に集まってきたアルビノに細かなエサを与えるようにしましょう。この作業だけで格段に生存率が上がります。また通常のアルビノ同士の交配ではなく、アルビノに普通種を掛け合わせ、その子供同士（F1）をもう一度掛け合わせることによって、強い体を持ったアルビノを誕生させることも可能です。

交配におけるアルビノの役目

アルビノと言えば、アルビノ同士の掛け合わせが主流でしたが、アルビノは交配時に大切な「色を濃くする」という遺伝子を持っています。今後はアルビノを効果的に使った、より美しい体色を持つ個体が出てくるはずです。

例1

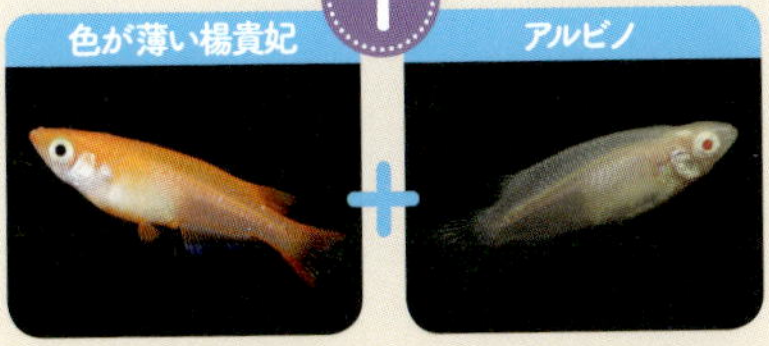

オレンジ色の楊貴妃とアルビノを掛け合わせると、F1でオレンジ色の濃い個体が生まれます。

色が濃い楊貴妃

例2

新しい種類。螺鈿光や幹之とアルビノの掛け合わせによって、F2で体が光るアルビノが生まれます。

光るアルビノ

例3

オレンジ色の薄い琥珀とアルビノを掛け合わせると、F1でオレンジ色の濃い琥珀が生まれます。

色が濃い琥珀

メダカの交配図

交配過程を知れば、紅白や錦などを簡単に作ることができます。さまざまな交配を試し、面白いメダカをたくさん作りましょう。

紅白（2色）メダカをつくる

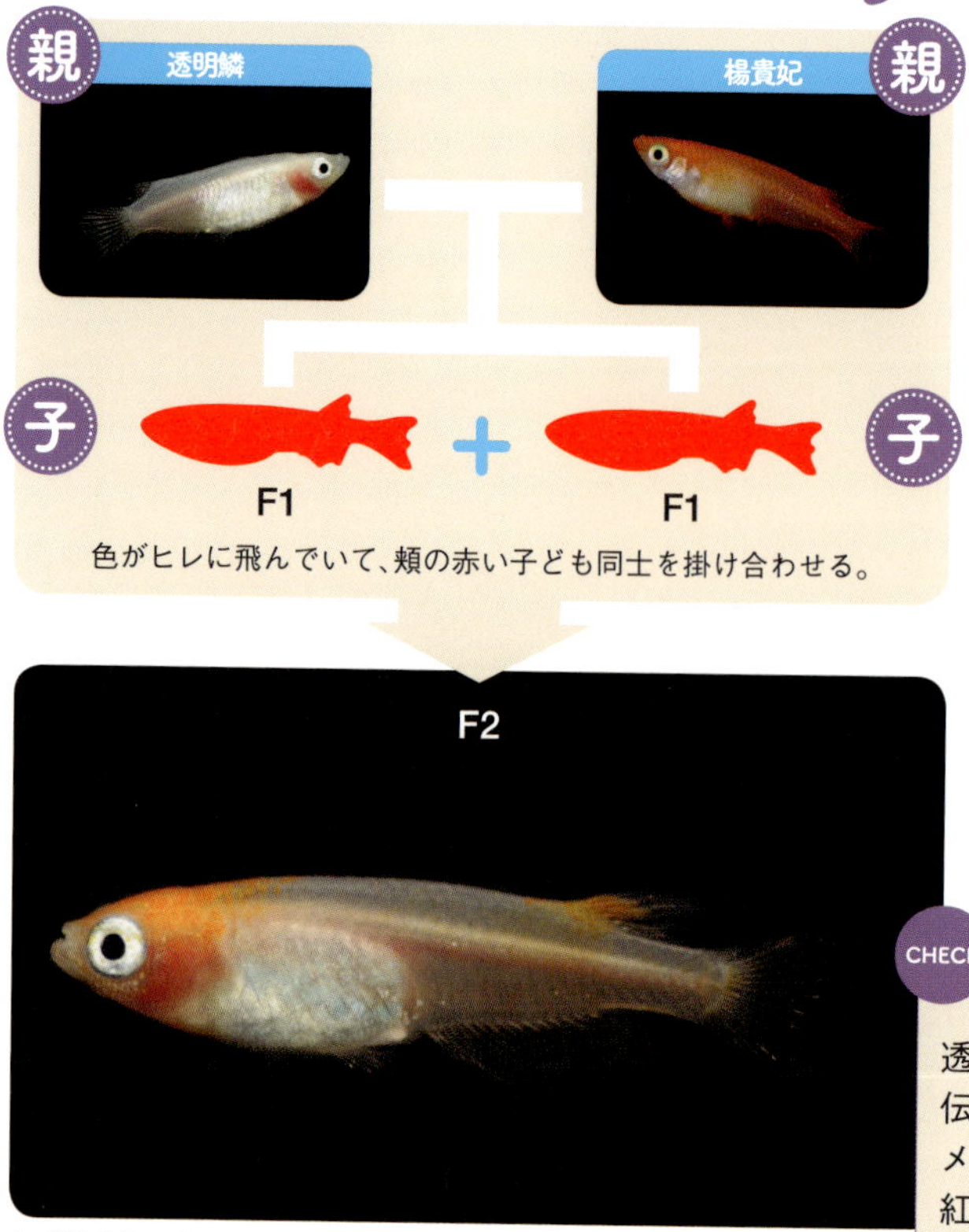

まず楊貴妃と頬が赤い透明鱗を掛け合わせます。次に生まれてきた子供（F1）の中から、頬が赤いメダカのみを選別して掛け合わせることで頬が赤い朱赤のメダカが生まれてくるはず。その子供同士をもう一度掛け合わせることによって、2色の紅白が生まれてきます。

CHECK

透明鱗の役割

透明燐には体の色を抜く遺伝子があり、それと朱赤のメダカが重なり合うことで紅白や錦の遺伝子が作られます。透明鱗は、この2種類の作出には欠かせない存在なのです。

誰にでも作れる人気種「紅白と錦」

紅白や錦は、白地にオレンジの色素が飛んだ画期的な品種です。鯉のミニチュアとも呼ばれ、2つとして同じ柄の個体がいないため、良い柄は高値で取り引きされます。しかし、店舗で購入すると背曲がりの個体を誤って選んでしまうことも少なくありません。交配過程さえ分かれば2種類とも自分の手で作出できるということを覚えておきましょう。

　また、紅白と錦は歴史の浅い品種。今後は、この2種類の体に螺鈿腔の光を乗せた品種や紅白のアルビノといった新種が生まれてくる可能性もあります。交配が慣れてきたら、試してみるのも面白いかもしれません。

錦（3色）をつくる

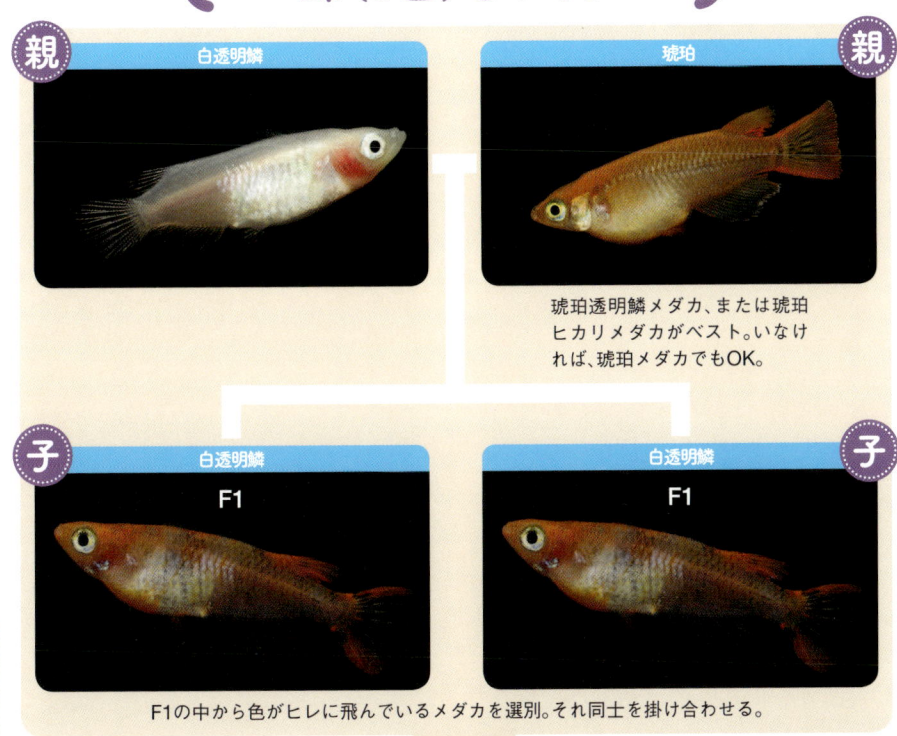

親

白透明鱗

琥珀

親

琥珀透明鱗メダカ、または琥珀ヒカリメダカがベスト。いなければ、琥珀メダカでもOK。

子

白透明鱗

白透明鱗

子

F1の中から色がヒレに飛んでいるメダカを選別。それ同士を掛け合わせる。

まず琥珀と透明鱗を掛け合わせてできた子供（F1）の中から、ヒレに斑のように色が飛んでいる個体を選別し、そのF1を次の親にします。そして、そのF1と黒の遺伝子を持つ琥珀を掛け合わせることによって、体に色が飛び3色の錦ができ上がります。黒の遺伝子を持つメダカならどの品種でも良いというわけではなく、もともと同じ黄金メダカからできた、同じ色素を持つ楊貴妃と琥珀だからこそ綺麗な3色ができ上がるのです。また紅白や錦の柄は、固定化できないということも覚えておきましょう。

スモールアイの（ピュアブラック）つくり方

目が点のように小さく、希少なスモールアイ。発生率や成魚まで育つ確率を上げるには、どういった点に注意すれば良いでしょうか？

CHECK

ピュアブラックの作り方

水質	アルカリ性
水温	22℃～24℃

アルカリ性の水質でふ化・成長させることで発生率が上がります。また水温は、通常時と同じ22度～24度に保ちましょう。

スモールアイをつくるための環境整備

　スモールアイの作出方法は、スモールアイ×スモールアイの掛け合わせが一般的です。しかし最近になって卵をふ化・成長させていく段階で、水質をアルカリ性に変えることにより、高確率で誕生するということがわかってきました。つまりスモールアイの発生率は、環境によって大きく左右されているのです。

　また目が見えないため、そのままではほとんどの個体がエサを食べられずに餓死してしまいます。解決策としては、早い段階で育ちが悪い個体を選別し、細かなエサを顔の近くで食べさせましょう。スモールアイの飼育には、日々の観察がとても大事です。

アルカリ性水の作り方

スモールアイを作出するときの鍵となるアルカリ性水を作るには、どうすれば良いでしょう。その秘密は、底石にあります。とくに、底石の中でも大磯砂、サンゴ砂などが弱アルカリ水質に傾きやすい底石です。また、水質調整剤を使用するのも1つの方法。赤玉土や鹿沼土などは、スモールアイの発生率が低く、弱酸性に傾きやすい性質があります。そのため、これまでに実績のある大磯砂を使うのがおすすめです。

もしサンゴ砂を使うのであれば、それだけではアルカリ性になり過ぎてしまうため、大磯砂と混ぜて使うと良いかもしれません。ただし、あまりにも水質がアルカリ性や酸性に傾きすぎると、病気などが発生してしまうので注意してください。

メダカ秘話

黒べえ物語

O氏がまだメダカを買い始めて間もない頃、水槽の中に突然一匹の真っ黒なメダカが現れました。そのメダカを白い容器に入れても、体色は真っ黒なまま。とても魅力を感じたO氏は、頭と目が点のように小さなこのメダカを「黒べえ」と名付け、なんとしても交配・繁殖させ、固定化したいと考えました。まず他の品種と交配させ、とれた2、3個の卵をふ化させましたが、なかなか大きくならないまま黒べえも死んでしまいました。

その後、最初に生まれたF1同士を交配させたところ、F2の中に真っ黒な黒べえが出てきたのです。そして、その保護色機能を持たない純粋な黒色メダカを「純＝ピュア」「黒＝ブラック」で、ピュアブラックと名付けました。これがピュアブラックの誕生秘話です。

※さらに詳しいピュアブラックの物語はP116～117をご覧ください

幹之《みゆき》の光の伸ばし方

光の長さによって、価値が大きく変わる品種・幹之。光を伸ばすコツを学び、より希少で高価な個体を作出してみましょう。

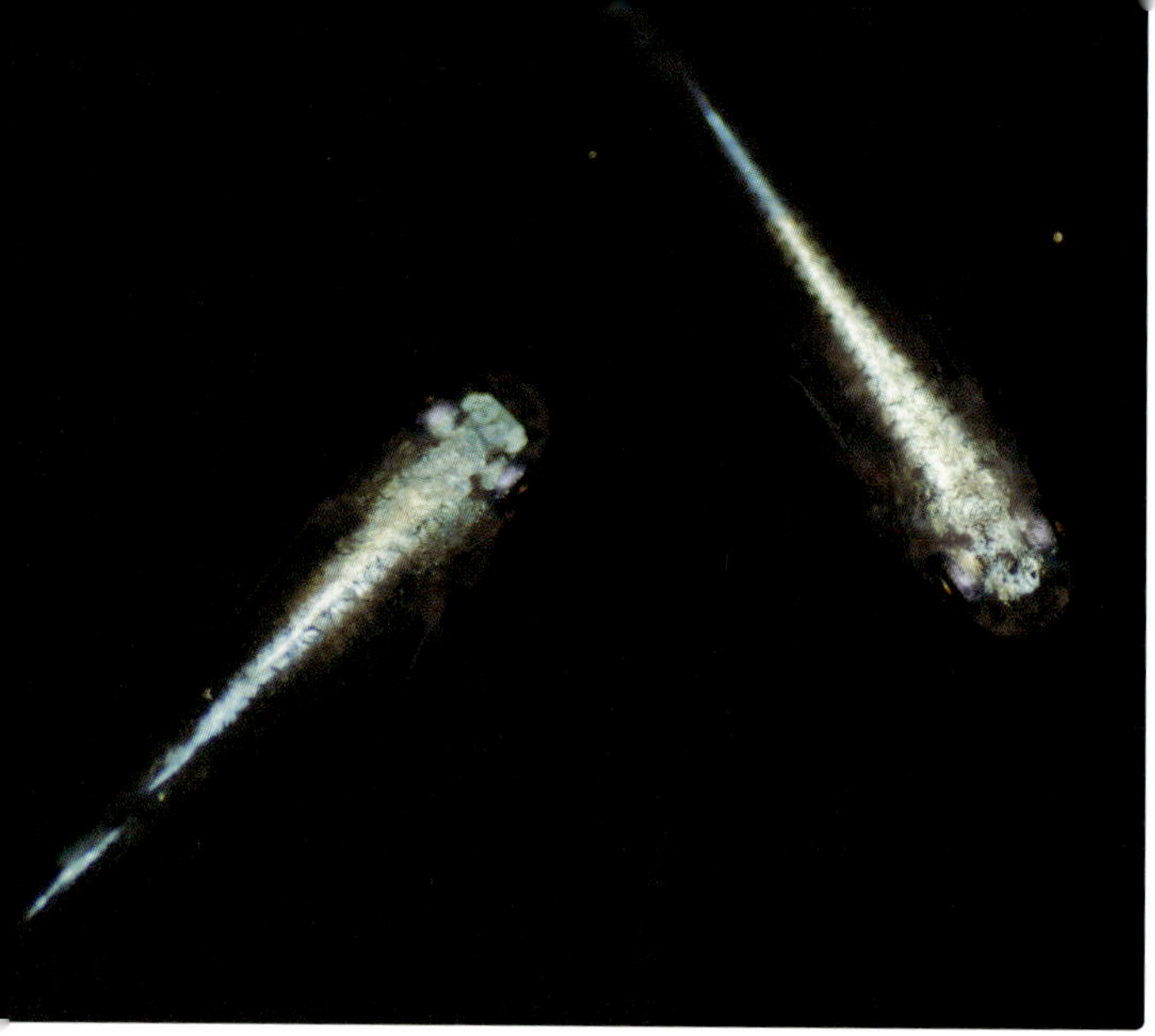

CHECK

幹之の光を伸ばすコツ

水質	弱酸性
水温	30℃ぐらい

幹之も螺鈿光も方法は同じ。水温は、30度ぐらいの高温で繁殖させます。水質に関しては、通常時と同じ弱酸性で問題ありません。

螺鈿光と幹之の違い

螺鈿光は、光が点々と散りばめられた螺鈿細工のような光が特長です。幹之の光は、直線的で一本線のように伸びています。

光を早く伸ばしてあげるようなイメージ

昔から血統を守ってきた純粋種・螺鈿光と、交配時にいろんな品種を掛け合わせて生まれた幹之。どちらも光の範囲によって価値が変わり、幹之の場合は光が長ければ長いほど美しいとされています。こういった長い光を持つ、見栄えの良い個体を作るポイントは1つ。それは水温です。

幹之を繁殖させるときには、光を早く伸ばすイメージで30度ぐらいの高温管理にすると良いでしょう。元々、体が強い品種なため高温飼育の注意点としては、一日に1度2度ずつ上げていくようにしてください。これは螺鈿光も同様。その他は、通常時と変わらない飼育方法で問題ありません。

メダカの
秘話

メダカ交配の夢と今後……

全身ラメウロコの螺鈿光

数年前、全鱗が光る吹雪というメダカが話題になりました。本当に存在していたかは謎ですが、考えられる交配方法としては、ひたすら光の強い個体同士を掛け合わせていく方法などがあります。

このまま固定化が進めば、近い将来全身が散り斑になった螺鈿光や、全身のウロコがラメ状になった幹之が誕生する日が来るかもしれません。

金魚のようなメダカが現れるか?

メダカのウロコは、一枚一枚にメダカの持つ色素が全部のっており、それが環境にあわせて拡大縮小することで、まるで保護色のように色を変えます。

しかし螺鈿光や幹之が持つ光るウロコは、色素の拡大縮小ができないウロコなはず。もしそうだとすれば、一枚のウロコに1つの色素を持つ金魚のような個体が発生する前兆にも感じるのです。

三尾メダカへのチャレンジ

三尾メダカとは、尾が3つに分かれた個体のことを差します。現時点ではまだいない品種ですが、金魚には三つ尾のランチュウなどがいます。これは普通のヒレから、少しずつヒレが曲がった個体が生まれ、そこから尾が分かれていったものです。

金魚と同じ、フナを先祖に持つメダカなら、同じ経緯を辿っていく可能性は大いにあるのではないでしょうか。今後の品質改良に期待が膨らみます。

プロが教える

新種に関するQ&A

新種作出に関するさまざまな疑問を、プロの視点からわかりやすくお答えしていきます。

Q メダカの改良種類はどれぐらいの種類がいるのでしょうか？

A メダカの色素は、黄色・白・黒・虹色色素の4種類から成り立っており、それらの組み合わせによってさまざまな体色のメダカが誕生しています。

現在固定化されていると思われる種類は、体色別なら赤系統・白系統・黒系統・琥珀系統・青系統。ちょっと変わった系統だとクリアブラウン系統・透明鱗系統・幹之系統・アルビノ系統・スモールアイ。体系別なら、普通体系・ひかり体系・ヒレ変化系統などがあり、すべてが入り混じって数百もの種類が存在すると考えられています。

Q メダカの改良品種で、とくに人気があるのはどういったものですか？

A 現在人気があるのは、紅白系統・三色系統・みゆき系統・透明鱗系統・スーパーブラック系統です。

弱視系の（アルビノ）メダカやスモールアイはエサの与え方に特徴があるため、混泳させないほうが良いです。

黄透明燐メダカ

黄メダカ

Q イエローメダカとオレンジメダカが同じ色に見えるのですが、見分け方などありますか？

A イエローメダカもオレンジメダカも色素は同じなため、その色素の濃淡に違いがあるだけです。またクリアブラウン系統のイエローメダカは、比較的判別しやすいと思います。

Q ヒカリメダカとメタルタイプとの違いは何ですか？

A これは良い質問です。同じものと混同する人がよくいますが、一般的に言われているヒカリメダカとは体型に違いがあり、ヒカリメダカは野生メダカの体型をしているため、改良メダカ界では普通体型に入ります。

ヒカリメダカを私はヒカリ体型と言っています。普通体型のメダカの尻ヒレと尾ビレ、腹部虹色色素胞が背中側にもプリントされ（生物学的には転写という）、なおかつ突然変異で生まれた背ビレが大きく、尾ビレがひし型で、背ビレ側も腹側同様の光り方をしています。それが改良メダカの主流になり、ほとんどの種類のヒカリ体型メダカが作られているのです。またメタルタイプと言われているメダカは、ミユキや螺鈿光のヒカリを持ったメダカを差します。

シルバーヒカリダルマメダカ

column 6

「ピュアブラックメダカ」を作出したO氏の物語

このメダカを作るに、至った経緯はこのようでした

一匹の真っ黒いメダカを発見。普通の茶メダカではありません。普通の茶メダカは保護色の機能をもつため、入れた容器の色により体色が変化します。

しかし、発見したメダカは、体が真っ黒なのです。白い容器に入れても、体色が変化しないのです。その他にも特徴がありました。頭が小さく、目が点のように小さかったのです。

私は、このメダカを「黒べえ」と名づけました。

そして私は、この「黒べえ」に非常に魅力を感じました。そこで、このメダカを交配し、繁殖させ、固定化したいと思ったのです。ただ、私より先にメダカを飼育してきた先輩達は、無関心でした。一言こう先輩に言われました。

「このメダカは奇形だから、止めておいた方がいい」

そう言われれば、意地になるのが私の性分。

どのメダカにでもいいから、この「黒べえ」の遺伝子を残したいと思いました。他のメダカと交配したところ、ほんのわずかですが卵がとれました。その数、２、３個だったように記憶しています。

卵は孵化しましたが、稚魚はなかなか体が大きくなりませんでした。アルビノメダカの稚魚もなかなか大きくなりませんが、それと同じです。

それでも、続けて他のメダカ２、３匹と交配し卵をとりましたが、やがて、その「黒べえ」は死んでしまいました。

やっと何匹が産まれたＦ１。大切に大切に育てました。

１年後、Ｆ１同士を交配し、Ｆ２をつくることに成功しました。Ｆ２をじっと観察していると、真っ黒なメダカを１、２匹発見。あの「黒べえ」です。Ｆ２で真っ黒なメダカが出てくることは理論上はわかっていましたが、実際にそのメダカを目にした私は、思わず、「やったー！」と心の中で叫んだのです。

また、そのＦ２を大切に育てま

した。そして、ありとあらゆるメダカと交配しました。なんとか、この「黒べえ」の遺伝子を他のメダカに移し、残すためです。

この「黒べえ」を紹介するにあたり、もっと良い名前はないものかと思案しておりました。このメダカは、体型にも特徴があるのですが、何と言っても、最大の特徴は、その黒さにあります。

保護色の機能を持たず、全くの純粋な黒色です。そんなことを友人と話していたときのことです。「純＝ピュア、黒＝ブラックだから、ピュアブラックはどうだろう」ということになりました。

そのときから、このメダカは、「黒べえ」改め、正式に「ピュアブラックメダカ」という名前になったのです。

column 7

スモールアイメダカをつくりたい

青木先生がスモールアイとの出会いを通して得た経験や、スモールアイに掛ける想いなど、青木先生とスモールアイとの奮闘エピソードを紹介します。

スモールアイメダカとの出会い

「スモールアイメダカ（以下スモールアイ）がどうして生まれるのか」。この謎は未だにはっきりと解明されていません。愛好者の中には、遺伝と言う人もいれば水質と言う人もいますが、私の経験からすると、どちらも正しいと思います。そしてこの疑問は、私が改良メダカにどっぷり浸かってしまったきっかけでもあります。

それは改良メダカの飼育を始めてから少し経った、10年ほど前。ある時、両親ともピュアブラックと言われていたスモールアイの子供を、10匹手に入れました。実際、その10匹はスモールアイではなく普通目でしたが、その10匹から生まれた子供２００匹の中に、20匹のスモールアイがいることに気づいたのです。

当時、我が家の改良メダカ用の水槽は20槽でしたが、ほぼ同じ条件で飼育していた20槽の中で、スモールアイが生まれたのはこの水槽だけ。当然私は、スモールアイは遺伝によって発生すると考え、それならこの子供達の選別累計交配を続けることで、スモールアイは固定化できると信じました。

翌年、そのスモールアイ同士のオス2匹、メス3匹を交配。また残りの子は、楊貴妃や白、琥珀と交配してみました。その結果、スモールアイ同士では、50％以上と思われる数のスモールアイが生まれ、他の改良メダカとの交配でも約10％のスモールアイが誕生。この成功によって、私はスモールアイの発生条件は、遺伝によるものだと確信したのです。

その年の我が家の水槽には、いろいろな種類のスモールアイが２００匹ほど泳ぐようになっていました。当時、スモールアイはまだ珍しい品種だったため、写真をブログにアップするとアクセス数が急増し、我が家に毎日のように愛好者が見学に訪れたのを覚えています。そのとき見学に来ていた方の何人かは、良い愛好家仲間として今でも交流があります。

　そうして、条件も分からずに偶然生まれたスモールアイで鼻が高くなってしまった私は、得意げに愛好者からの質問に対し、「スモールアイは、間違いなく遺伝です」と公言していました。そんな時期に「めだかの館」の大場幸雄さんと話す機会があり、その話の中で大場さんが言った「スモールアイは気紛れだからね」という言葉がやけに気になりました。

　しかし、遺伝だと思い込んでいた私は、翌年はスモールアイだらけにしてしまおうと交配を繰り返しました。ところが結果は、数パーセント以下の出現率に低下。悩んだ私は、水槽環境の違いについて考えるようになったのです。水槽環境の違いは、底砂が大磯砂か赤玉土なのかの差のみでした。そのため、出現率の高かったときに使用していた、大磯砂から出る成分に関係があるのだと疑い始めたのです。

スモールアイと品種改良への想い

　ちょうど3年ほど前、知り合いの愛好者から、スモールアイがたくさん出現したという話を聞き、やはり底砂が大磯砂だったと聞いたとき、なんとなく理解できたような気がしました。さらに、他の愛好者からも「アルカリ性水質がスモールアイを発生させやすい」という話を聞き、私は改めて、その考えに確信が持てるようになったのです。

　しかしながら、その頃の私は、スモールアイやダルマは、基本的に奇形であると考え、奇形作りに勤しむことは止めて、もっぱら透明鱗などの通常体型で、見ていて美しいメダカを作ろうと考えるようになっていたのでした。

　未だに、アルカリ水質がスモールアイを発生させる条件だと確定したわけではありません。とはいえ、この本を読んでいただいた愛好者の方々が、この方法を挑戦してみるのも面白いのではないかと思います。

プロが教える 〜PART②〜実践編

メダカの撮影をしよう

column 8

美しいメダカの姿を上手に写真に残したい！
そんな人のために、誰でも簡単にできるプロの技を伝授します。

コンデジを使って メダカを撮影してみよう

コンデジこと、コンパクトデジタルカメラは最近ではとても性能が良くなっているので、メダカの撮影するのにもおすすめです。もし、これらかカメラを用意するという人は、ピント合わせからシャッターまでの速度が速く、マクロ撮影の機能が高いものを選ぶといいでしょう。

用意するもの

- □ 撮影用のミニ水槽（作り方はP102）
- □ メダカ
- □ メダカの水（ミニ水槽の半分〜2／3の量）
- □ コンパクトデジタルカメラ（ここではRICHO CX6を使用）
- □ ミニ三脚
- □ 照明（蛍光灯のライト）

POINT

照明は、上からが基本

カメラについているフラッシュを使うのはNGです。また照明は、蛍光灯のライトなどを用意して、メダカや水槽に上から光が当たるようにしてください。そうすることで、水槽の反射を防げます。

上手に撮影するコツ

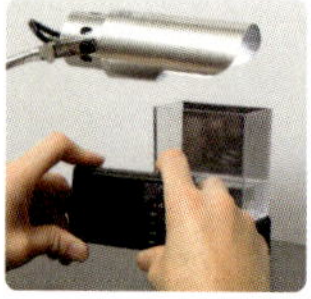

手持ちの場合

メダカの水槽は水平な台に乗せ、照明を当てます。カメラを構えるときはしっかりと脇を締め手ぶれしないように注意しましょう。

カメラの高さ

カメラ側から見るとこんな感じ。水槽と目線の高さを合わせることが基本。また、カメラのモードはマクロモードにします。シャッタースピードが選べる場合は、シャッタースピードを早く設定するといいでしょう。

三脚を使う場合

メダカの水槽は水平な台に乗せ，照明を当てます。カメラに三脚をつけ、メダカと水平な位置にカメラがくるようにセットします。高さが合わない時は、水槽の下にさらに台などを置いて、さらに高さを調節します。

撮影

メダカにピントを合わせたら、オートフォーカスで撮影します。ピントが合いにくいときは、少し引いた構図で撮影し、後からトリミングするといいでしょう。

トリミングで写真をより美しく見せる

全くトリミングしていない状態。このぐらい引いて撮影したほうがメダカにピントが合わせやすい場合もあります。

トリミングすると…

左の写真をフォトショップなどの写真加工ソフトを使って、トリミングしました。余計なところをカットすることで写真がより美しく見えます。

●教えてくれた人●

フォトグラファー：小坂 健さん（株式会社メダカクルー）

大手広告スタジオに6年間勤務したのち、フリーランスフォトグラファーとして独立。企業広告および、ファション雑誌にてアーティスト、俳優、タレント、モデルなど人物撮影を中心に活躍中、フォトグラファーとしてのノウハウを生かし、近年では動画撮影も手がける。また、一方ではメダカや観賞魚の愛好家でもあり、数多くのメダカをはじめとするさまざまな魚の写真作品も手がけている。
メダカクルーホームページ：http://medacacrew.co.jp/
メダカクルーFacebook：http://www.facebook.com/medacacrew

一眼レフカメラで撮影してみよう

プロの技拝見！

一眼レフカメラで本格的に撮影したいときは、まずマクロレンズを装着します。フラッシュはクリップオンのものをカメラにつけて、天井に向けて光らせる、天井バウンスという方法で撮影しましょう。またシャッタースピードも早めに設定すると上手に撮影できます。

撮影に関するQ＆AはP132をご覧ください。

第4章

上級を目指す人のための

メダカのエサ

メダカにとって食べものの栄養は、
美しい体を作るための基本となる要素です。
エサの栄養バランスを少し変えるだけで、
ツヤのある良いメダカが作れるようになります。

メダカのエサを知る

**メダカは基本雑食なため、エサの種類も豊富。
食べやすくて消化にも良く、栄養素の高いエサを選ぶようにしましょう。**

パウダー状の細かなエサを与えよう

まずメダカの口は小さく、水面に浮いたエサを食べやすいようにできています。そのため、エサは浮遊性のあるパウダー状のものか、エサを細かくすりつぶしてから与えるようにします。

　稚魚用のエサは、タンパク質が多く含まれていて小粒子のものが多いので、それを成魚に与えてもいいでしょう。細かければ細かいほど消化に良く、健康的にメダカが育ちます。

　また、メダカは食いだめができない魚です。少量を数回に分けて与え、毎回きちんと食べっぷりを確認して食べ切れる量を調節します。消化器の短い針子には、少量を2時間おきに与えます。

与えるエサの目安

表を参考に、エサを調節しましょう。
いずれも稚魚用を与えるのがベストです。

	エサの種類	頻度／日	時間
稚魚	ドライフードをすり鉢や手で細かくパウダー状にすったもの	3回	朝昼晩
成魚	ドライフードや冷凍のエサ、活餌	2回	朝夕
産卵期	ドライフード、冷凍のエサ。特に活餌がおすすめ	2回	朝夕
高齢期	ドライフードや冷凍のエサ、活餌	2回	朝夕

エサはすりつぶしてから与える

エサの与え方

基本は、粒が一番小さな稚魚用を与えます。とくにふ化したての稚魚には、朝昼晩の3回、ドライフードを細かくして与えましょう。

フレーク状のものは避ける

注意

市販のエサに多いフレーク状のものは、粒が大きいため食べずらく、残してしまうことがほとんど。残ったエサは水質悪化にも繋がります。

エサの種類と保存の方法

**メダカは雑食なため、いろいろなエサを食べます。
保存方法をきちんと守り、常に新鮮なものを与えるようにしましょう。**

ドライフード

一番手軽で保存がラクなドライフードは、一般的にも多く使用されています。また、他のエサに比べて安価なのも魅力。これにきな粉などを混ぜ合わせるのがおすすめです。

保存法

保存方法は比較的簡単。遮光の入れ物か真空パックの中に、カビ防止の乾燥剤を入れて密封します。ポイントは、小分けにすること。日陰で保管し、古くなる前に使い切ります。

POINT 市販のドライフードの粒の大きさの違い

市販されている成魚メダカ用のエサ。すりつぶして与えるとさらに良い。

稚魚用の小さな粒のエサ。食べやすく栄養があるので、成魚でもこれを食べさせたほうが良い。

生エサ

アカムシやイトミミズなどの生エサは栄養価が高く、メダカにとっても最高のエサ。夏場に水たまりで発生するボウフラ（蚊の幼虫）を、アミですくって与えてもいいでしょう。

保存法

生エサは、何よりも新鮮さが命。そのため人工餌に比べ、手間が掛かります。なるべく保存はせずに、使い切るのが基本です。

冷凍のエサ

生エサが苦手な人におすすめなのが、冷凍ミジンコや冷凍ブラインシュリンプです。多少価格は上がりますが、取り扱いがラク。栄養素的にもとても良いエサになります。

保存法

もともと冷凍されているので、そのまま冷凍庫で保管しておきます。与える際は水槽の水で溶いて、エサを溶かしてから使います。

POINT

毎回食べ残しがないか確認し、少量ずつ与えます。とくに稚魚には注意。エサをしっかり食べたかどうかで、その後の健康状態が決まります。

注意

食べ残しのエサは、水質悪化の大きな原因の1つ。水中が汚れることで、メダカが病気になる可能性もあります。毎回エサの量を確認しながら与えてください。

メダカに必要な成分

雑食だからといって、栄養の少ないものを与えては意味がありません。バランスの取れた栄養素の高いエサを与えましょう。

エサに含まれる主な成分

アミノ酸

元気で丈夫な体を作ります。また嗜好性を高めるために、アミノ酸を配合することもあります。

ビタミン類

不足しがちな栄養素。不足してしまうと病気になりやすくなります。日光を浴びるだけでも摂取可能。

カルシウム

生エサに多く含まれている成分。体力増進や健康的で美しい体を作るのに必要です。

タンパク質

メダカの体を作るのに大切な栄養素。稚魚のエサにはタンパク質が多く含まれています。

ミネラル

病気になりにくい、イキイキとした体を作ります。水質でも重要なポイントとなる成分の1つ。

人間に良いものはメダカにも良い

メダカに良いエサとは、メダカが必要とする全ての栄養素がバランス良く含まれていることが不可欠です。とくに各種ビタミンやミネラル、タンパク質を摂取できるかどうかで、その後の発育環境は大きく変わっていきます。見た目にもふっくらとした美しい体を作るには、エサの栄養分がポイントとなり、バランスの取れたエサを与えることで生命力のあるメダカを育てることもできるのです。

一方で、メダカのエサに関する資料はまだ少ないため、他の魚の情報をうまく取り入れることも大事。また卵を産むメスの親メダカには、高タンパク高脂肪のエサを与えるようにしましょう。

メダカに必要な成分

美しいメダカを作るには、エサに対する知識も必要です。
バランスの取れた食事が、メダカの体に様々な変化をもたらします。

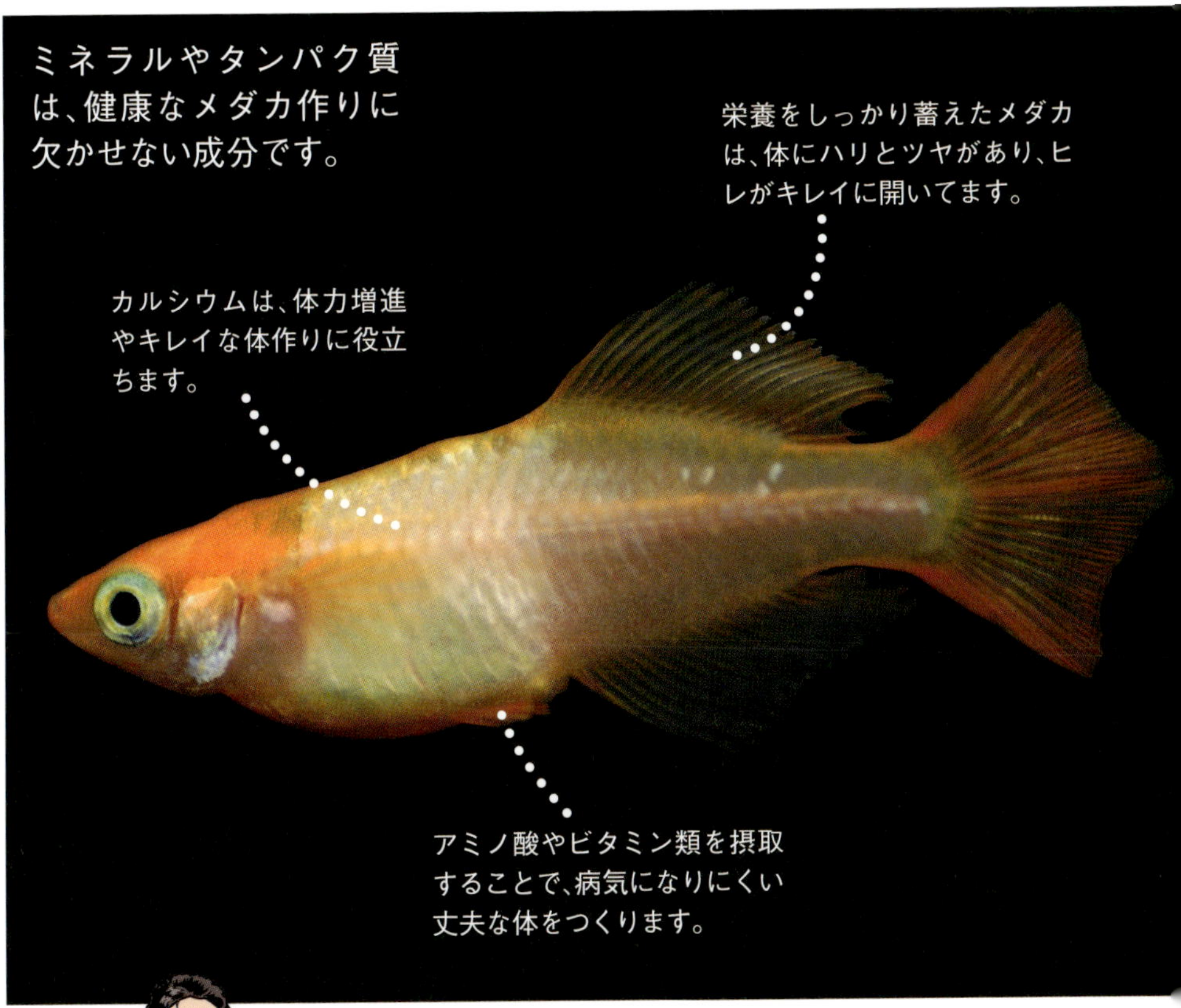
ミネラルやタンパク質は、健康なメダカ作りに欠かせない成分です。
栄養をしっかり蓄えたメダカは、体にハリとツヤがあり、ヒレがキレイに開いてます。
カルシウムは、体力増進やキレイな体作りに役立ちます。
アミノ酸やビタミン類を摂取することで、病気になりにくい丈夫な体をつくります。

先生からのアドバイス

栄養過多になった個体の見分け方

飼育下におけるメダカは、自然界で暮らすメダカよりも肥満になる可能性が高いと考えられます。肥満の状態が直接体には現れませんが、内臓に負担がかかって消化が難しくなり、ガンや風邪などの病気にかかってしまうこともあります。やせ細ったり、ヒレにハリがなくなったときには要注意。少しの変化にも気付けるよう、毎日観察することが大切です。

配合飼料でつくったエサを与える

「大事に育てたメダカたちに、良いものを食べさせたい…」とエサにこだわりを持つ飼育者には、配合飼料がおすすめです。

さまざまな原材料を合わせた配合飼料

配合飼料とは、いろいろな成分を配合して作った飼料を差し、メダカに必要な栄養素がたっぷり詰まっているのが魅力です。メダカのエサに重要なのは「優れた分散性とほど良い浮遊性があり、メダカの食性にあったエサ」であること。これをベースとして完成させたオリジナルレシピには、他の魚のエサに関する知識も盛り込まれています。この配合飼料を与えることで、ヒレがキレイに広がった健康的なメダカを作ることができるのです。

しかしこれはあくまでも「こだわり」。市販のエサを与えても、メダカは十分健康に育つということも覚えておいてください。

こんなエサはNG

基礎1 粒が大きいのはNG

メダカの口は小さく受け口なため、フレーク状のものより浮遊性のあるパウダー状のものを与えてください。吹いただけでふわっと飛んでしまうぐらいが丁度良いです。市販のエサは粒が大きいので、必ずすり潰してから与えましょう。

基礎2 色揚げ剤の入ったエサ

「色揚げ剤」の入ったエサを与えると、不自然な色になってしまうことがあります。品評会でも厳しく審査されるので、使用しないことをおすすめします。

基礎3 状態の悪いエサ

メダカはとても消化器の弱い魚です。いつも新鮮なエサを与えてください。また状態の悪いエサは、水質悪化にも繋がります。ドライフードや冷凍エサの場合は保存方法をしっかり守り、生エサの場合は使い切れる分を用意します。

基礎4 水が汚れる液状のエサ

水質悪化は、メダカの命に関わる重大な問題です。そのため、油分の強いエサや液体状のエサは与えないようにしましょう。サプリメントなどにも注意。

プロが教える㊙成分

稚魚・成魚用

アミノ酸エキス
嗜好性を高めるために配合します。

甘草粉末
植物性の原料も必須栄養として加えます。

ニンニク粉末
イキイキとした、健康的な体を作ります。

天然ベタイン
メダカの成長促進に重要な成分です。

スピルナ
タンパク質やビタミン、食物繊維が豊富。

消化酵素
消化を助け、エサの食い付きを良くします。

EPA
健康を維持するための脂肪酸の一種です。

DHA
不飽和脂肪酸の一つで健康増進効果を期待。

稚魚用は成魚用にさらにプラス

稚魚用

ペプチドグリカン
鮎のエサの一種。体のツヤが良くなります。

成魚用粉末粉
成魚用のエサ。必要な栄養素が詰まってます。

お茶粉砕品2種
健康維持原料として配合します。

入手の仕方

個人でこういったエサを作るのは難しいので、サイトで購入するのがベストです。その際は配合成分などをよく読み、飼育目的に合ったものか確認してから購入しましょう。

※『めだかやドットコム通販店』
http://ginya.jpでも販売中です。

生エサに挑戦する

**栄養たっぷりの生エサは、美しいメダカの成長に欠かせません。
与える量などを注意して生エサに挑戦してみましょう。**

栄養価の高い天然のエサ

ブラインシュリンプやミジンコ、アカムシなどの生エサはドライフードと違い、栄養が豊富に詰まっているため、メダカの成長には欠かせない食べものです。メダカの食い付きも良く、喜んで食べます。一方で、人工のエサに比べて手間が掛かり、高価なのが難点。また、生エサは新鮮さが重要なため、保存方法にまで気を配らなくてはいけません。

屋外飼育の場合、自然とボウフラなどが手に入りますが、屋内飼育では確保するのが難しく、たまにご褒美として与える程度になってしまいます。その際、水質悪化を防ぐために使い切れる量を調達することも大切です。

生エサの種類

イトミミズ｜アカムシ｜ボウフラ（蚊の幼虫）｜ブラインシュリンプ

生エサの入手方法

イトミミズやアカムシは、身近な自然から調達できる生エサです。屋外飼育の場合、夏場になると水たまりにボウフラが発生することがあるので、それをアミですくって与えても良いでしょう。プロでもよく使用するブラインシュリンプは、ペットショップなどでよく売っている卵をふ化させて与えます。また苦手な人用に、冷凍のエサも販売されています。その他にも、植物性のプランクトンや小さな昆虫などを食べることもあります。

POINT 稚魚から成魚まで与えてOK?

稚魚の場合もし生エサを与えるなら、なるべく細かなミジンコなどを与えるようにします。生エサは、栄養価が高いため丈夫な体に育ち、メダカの成長を促す効果も期待できます。

与えるときの注意点

油物には注意。河川とは違い、水槽には水流がないので油が流れることはありません。そのため水の表面がギトギトになり、水質悪化によってメダカが死んでしまう恐れがあります。

いろいろなエサを試してみました

「メダカにとって一番良いエサとは何か」「何を与えれば喜んで食べてくれるか」

今までさまざまなエサで試行錯誤してきました。

きな粉

栄養価が高く、しかもキメが細かい。稚魚用のエサとしても使えます。

ニンニク

配合飼料に最適。人間と同じく、イキイキとした元気な体を作ります。

羊かん

鯉が羊かんを食べると聞き、与えてみました。食べるが、効果は謎です。

こんにゃく

全く栄養と味がないため、もし食べたとしてもすぐに吐き出します。

油かす

名前の通り油分を多く含むため、水質を悪化させます。

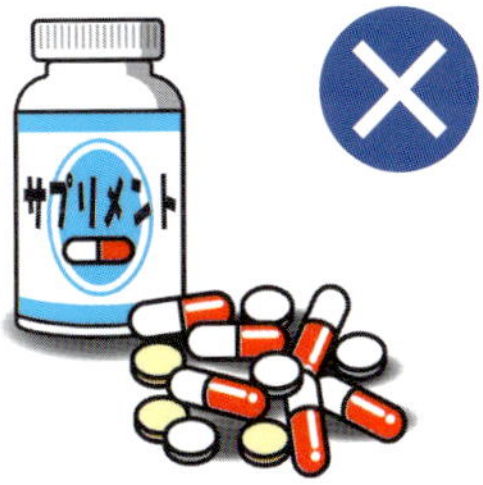

サプリメント

人間にはとても良いのですが、溶け出すとすぐに沈んでしまいます。

ゴマ

栄養的には問題なし。しかし油が浮いてしまい、水質悪化の原因に。

サナギ

サナギや幼虫は油分を多く含むため、水を汚してしまいます。

プロが教える

エサに関するQ&A

メダカのエサに関するさまざまな疑問を、プロの視点からわかりやすくお答えしていきます。

Q　メダカの色を良くするためには、どんなエサが関係しますか？　どれくらいの期間が必要ですか？

A　メダカの色が一番きれいなのは、健康状態が良好なときです。オスの場合は繁殖期に出る婚姻色が、その個体の特徴を一番発揮したきれいな体色とも言われています。

　また、色揚げ用のエサというのが販売されています。これを実際に使用したことはありませんが、1週間から1か月程度で体色が変化すると聞いています。色揚げ用のエサの成分は、ベータカロチノイド・キチンキトサンなどが添加されたものが多く、これらの成分は赤系統の色を濃くすると言われてます。しかしその効果のほどはわかりません。販売店によっては、色揚げに有効なカロチノイドなどの成分が含まれているエサも多く販売されています。メダカの健康を直接害するような成分ではないため、使用するかは飼育者の判断に委ねます。しかし、色揚げ剤の入ったエサを与えると明らかに不自然な色になってしまい、品評会でも厳しく審査されるので、使用はおすすめしません。

Q　室内でメダカを飼っています。どうしても、1週間ほど家を開けなくてはいけなくなってしまいました。エサは多めに与えていくべきでしょうか？　もしくはそのままにして出かけてしまうとメダカが弱ったり死んでしまいますか？　よい対処法があれば教えてください。

A　稚魚や針子では1週間はきついと思いますが、全滅はしません。エサがなければ共食いをして強い個体は残ります。成魚でしたら1週間くらいであれば問題はありません。

もし心配なら、グリーンウォーターの飼育水に入れてあげると良いでしょう。グリーンウォーターであれば成分内の植物プランクトンを食べて生活することができます。もちろん帰宅後は、エサを与えてください。また、自動給餌機を利用するのもおすすめです。

Q エサを与えるのに、適した時間帯はありますか？

A 特にありませんが、メダカの就寝時間の2時間前までに与えないと消化不良を起こしてしまうことがあります。

Q 冬の間エサを食べないのですが大丈夫でしょうか？

A メダカは、水温が10度を下回るとエサをほとんど食べなくなります。浮上性の高いエサを与えてもエサを食べに浮いてこないようなら、そのまま静かに越冬させてください。越冬のコツは、エサを与えない・刺激を与えない。もしもエサを与えたとしても、食べない残り餌は水質悪化の原因になります。

メダカは越冬中、なるべく動かないようにして体力の消耗を防ぎ、春まで生き延びようとします。刺激を与えて、むやみな行動をさせると体力が消耗し、衰弱死してしまうので注意しましょう。

Q エサをまとめ買いしてしまったのですが、消費期限ってどれくらいなのでしょうか？

A 消費期限はエサによって違いますが、基本的に開封したら湿気は厳禁。必ず乾燥剤を入れて保存するようにしましょう。

Q 長生きさせるには、エサは多く与えるべきですか？ それとも少し少なめくらいのほうがいいですか？

A エサはなるべく細かなエサが理想です。メダカはエサをあげればお腹がいっぱいでもどんどん餌を食べてしまいます。食べ過ぎは内臓疾患を引き起こし病気の原因にもなります。朝と晩に数分間で食べられる量を与えましょう。時間に余裕のある方は、少量を1日に5回6回と与えてあげるのもよい方法です。

プロが教える

メダカの撮影をしよう

～PART③～ 撮影に関するQ&A

column 8

Q メダカを撮影したら、手ぶれしてしまい上手に撮れません。良い方法はありますか？

A 最近のカメラは手ぶれ補正が付いていますが、それでもブレてしまうときは、小さめの三脚を利用しましょう。また、明るさが足りないと、シャッタースピードが遅くなるので、手ぶれしやすくなります。部屋を明るくすることはもちろん、メダカの水槽にも充分な光を当ててください。照明は、必ず上から当てるようにしましょう。それでもメダカが動いてぶれてしまうというときは、水槽の中に黒い紙などを差し込んで、メダカが動けるスペースを少なくしたり、ミニ水槽を使って（作り方はP102）、なるべく動かないようにしてみてください。ただし、スペースを小さくし過ぎて、メダカを押したり、傷つけたりしないように注意しましょう。また、ピントは目に合わせることが基本です。

Q 自分の姿や部屋の中が、水槽に写り、写真にも写り込んでしまいます。なんとかなりますか？

A 黒い服を着てさらに黒い布などで自分とカメラごと覆うというのも一つの方法です。また部屋の中が写ってしまうときは、ついたてを置いたり、家具に黒い布をかぶせたりするといいでしょう。また、フラッシュを水槽に向けて光らせるのもNGです。基本的にはフラッシュは使わず、蛍光灯の照明などを直接水槽の上から照らすようにしましょう。

Q 雰囲気のある写真を撮りたいのですが、どうしたらいいでしょうか？

A 水草や底石などを入れて撮影しましょう。ミニ水槽や小さなガラス容器などの中でも底石や水草を入れて、小さなアクアリウムにすれば雰囲気のある写真がとれます。また一眼レフカメラを使用すると、ボケ感が上手に出てより雰囲気がある写真になります。

第5章

メダカの
生態を知る

身体の仕組みや自然界におけるメダカの生態を学び、
より良い環境で育てるための知識を身に付けましょう。その中に、
新たな発見や飼育のヒントが隠されているかもしれません。

メダカの身体を知る

日本一小さな淡水魚の「メダカ」。その全長、わずか3～4cmしかない身体の中には、たくさんの機能や秘密が詰まっています。

大きな尾ビレと背ビレ、尻ビレが近くに付いています。頭に比べて大きな目も特徴。

ヒカリメダカの身体の特徴

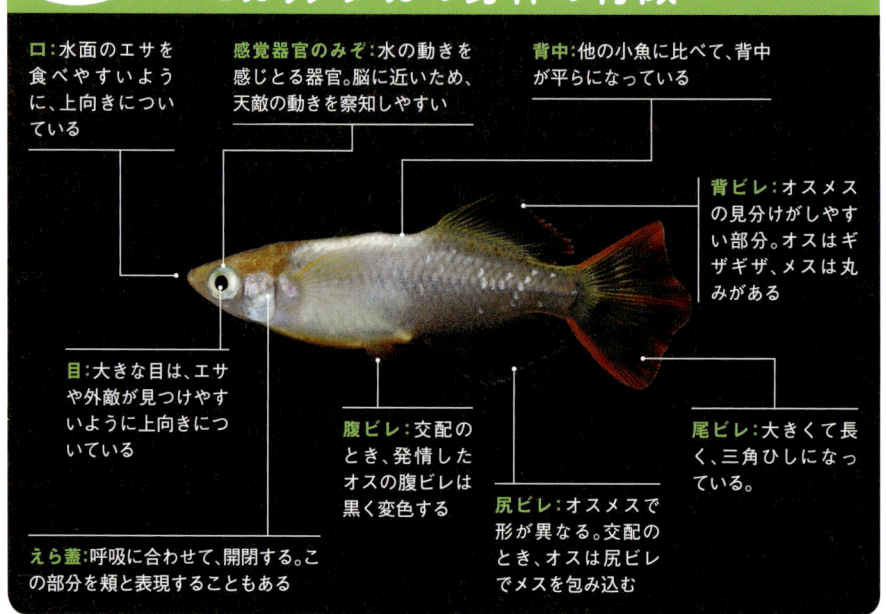

口:水面のエサを食べやすいように、上向きについている

感覚器官のみぞ:水の動きを感じとる器官。脳に近いため、天敵の動きを察知しやすい

背中:他の小魚に比べて、背中が平らになっている

背ビレ:オスメスの見分けがしやすい部分。オスはギザギザ、メスは丸みがある

目:大きな目は、エサや外敵が見つけやすいように上向きについている

腹ビレ:交配のとき、発情したオスの腹ビレは黒く変色する

尾ビレ:大きくて長く、三角ひしになっている。

尻ビレ:オスメスで形が異なる。交配のとき、オスは尻ビレでメスを包み込む

えら蓋:呼吸に合わせて、開閉する。この部分を頬と表現することもある

小さな身体から溢れ出る生命力

日本のメダカは、その可愛らしい身体から弱い魚と思われがちですが、実はとても丈夫。他の魚に比べて環境変化にも強く、育てやすい魚です。

また、メダカの語源ともいわれている目高（日が大きく、高い位置に付いている）も特徴的。背ビレは尻ビレより後ろにあり、背中は平らな形をしています。さらに外敵から身を守れるよう、保護色機能も備わっている。環境に合わせて体色を濃くしたり、薄くしたりすることができるのです。

現在多く飼育されている品種改良メダカの中には、本来のメダカとは異なる特色を持った魅力的なメダカがたくさんいます。

オスとメスの身体の構造

オス
背ビレがメスより大きく、付け根の部分に切れ込みがある
尻ビレの先に小さな切れ込みがあり、ギザギザしている

メス
背ビレがオスより小さく、丸みがある
尻ビレが丸みを帯びている。オスに比べて小さい

見分けるポイントは背ビレと尾ビレ

オスメスを見分けるときは、横から見ると簡単に見分けられます。オスの背ビレと尻ビレはメスより大きく、ギザギザした形が特徴的。メスは丸みを帯びた形をしています。体の形もオスよりメスのほうが丸みがあります。

ヒカリメダカのオスとメス

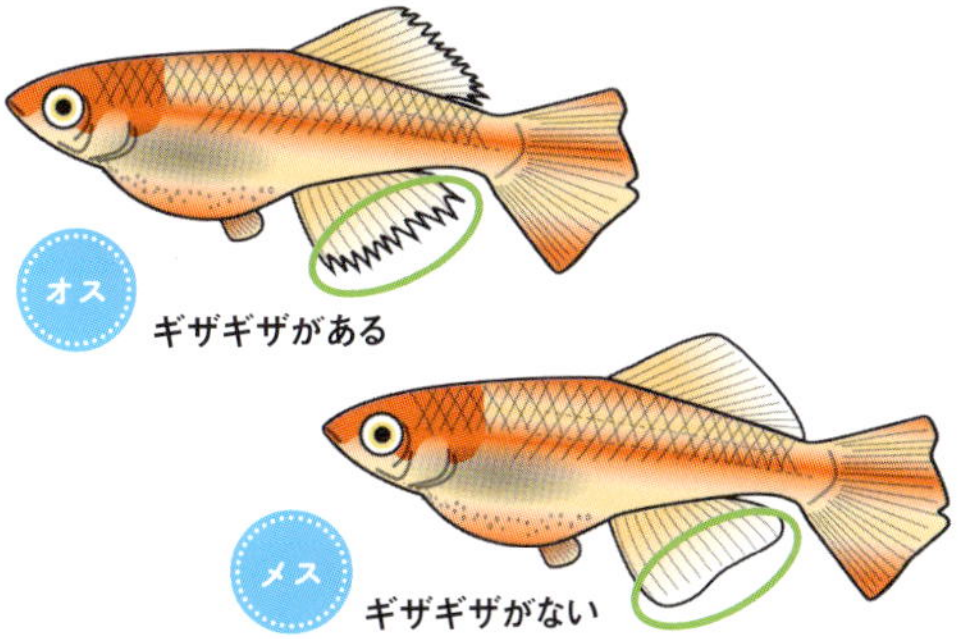
オス
ギザギザがある
メス
ギザギザがない

ヒカリメダカのヒレは、オスメスとも線対称に同じ形をしています。そのため、他のメダカよりも背ビレが大きく、尾ビレがひし形になっています。

野生メダカの暮らしを知る

普段何気なく通りすぎる自然の中に、野生のメダカは潜んでいます。小川のすみや、田んぼの用水路などをよく探してみましょう。

失われつつある野生メダカの住みか

その地域でしか繁殖しない「純血種」の野生メダカ(黒メダカ)は、素朴で日本的な魅力があり、愛好家からも親しまれています。戦後の都市開発や産地の異なるメダカを放流したことで、絶滅の危機に瀕している種もいますが、一方で多くの保護活動によって、今でも小川や田んぼでメダカの姿を見ることができます。

　そんな自然のメダカを捕まえるときには、都市部や都市近郊ではなく、流れのゆるやかな川や田んぼの用水路などがある場所を探してみましょう。可愛らしく泳ぐメダカに出会えるはず。またメダカを多く取り過ぎたり、異なる産地に放流しないよう注意してください。

野生のメダカと会える場所

- **季節** 春〜夏
- **時間** 朝〜夕方
- **場所** 川や田んぼなどの水場

メダカは寒くなると冬眠してしまい、なかなか水面に出てきません。探すなら、気温が暖かくなる春から夏にかけてがおすすめ。流れのゆるやかな川や水が澄んでいるきれいな場所を探してみましょう。川の端っこや段差の下などは、特に注意して見てください。またメダカが活動するのは、朝から夕方にかけて。その時間帯に行けば、優雅に泳ぐ姿が見れるかもしれません。行く前には、天気予報で晴れるかどうかもチェックしておきましょう。

メダカを放すのはNGです!

純血統の野生のメダカが消える?

例えば東京生まれ、東京育ちの家系、ほかの場所のメダカの血が混じっていない純粋なメダカを「東京メダカ」と呼びます。この「東京メダカ」が現在絶滅状態に瀕していることを、みなさんご存知でしょうか。もちろん、その原因には都市開発なども関係しています。しかし、本来なら東京にいないはずのメダカを東京の川に放す人が多かったことも、純血統の「東京メダカ」がいなくなった大きな理由です。もしどこかへ行ってメダカを捕まえたとしても、飼育できないからといって、元々住んでいた川以外に放す行為は、絶対にしないでください。

メダカのなわばり

本来のメダカは外敵から身を守るため、群れになって行動します。そのため、あまりなわばり行動は見られません。童謡「めだかの学校」のイメージ通り、仲間を見つけると群れになり、みな同じ方向を向いて泳ぐ習性があります。しかし、水槽や生息範囲が狭い場所にメダカを多く入れてしまうと、稀にケンカなどのなわばり行動を起こすこともあります。

メダカの冬眠

動物達が冬眠をするように、自然の中で暮らすメダカも冬になると眠りにつきます。そして、水温が上がる春には、水面に浮いてきてエサを食べ始めます。飼育下におけるメダカも同じ。水温が5度以下になると冬眠し、暖かくなるのをじっと待つのです。

メダカが仲良く群れで泳ぐ姿はとても愛らしい

野生のメダカを捕まえる

追い込んで捕まえる

アミを持っている人が2人いる場合は、まず1人がメダカのいる場所へ縦にアミを入れて待ちます。アミの前をメダカが通過した瞬間、もう1人が素早く待機していたアミの中へメダカを追い込みます。

1. メダカがいる場所を見つけ、そっと近づく。
2. アミを縦に水の中に入れる。
   逃げても同じ場所で静かに待つ。
3. しばらく待っていると、
   メダカはもとの場所に戻ってくる。
4. メダカがアミの前を通過するとき、
   もう1つのアミで追い込む。

垂直にすくって捕まえる

アミを寝かせて川底に沈め、メダカがアミの上を通過したら、素早くアミを持ち上げます。メダカには保護色機能があるので、最初は見つけづらいかもしれません。根気よく待つことが大切です。

1. メダカがいる場所を見つけ、そっと近づく。
2. アミを川底に沈める。
   逃げても同じ場所で静かに待つ。
3. しばらく待っていると、
   メダカはもとの場所に戻ってくる。
4. メダカがアミの上を通過したら、
   素早くアミを持ち上げる。

メダカの成長を知る

飼育の楽しみともいえる、メダカの成長。ふ化させた稚魚が、立派な成魚へと育っていく姿を見守ることも飼育者の大切な役目です。

成魚になるまでの稚魚の身体の変化

産卵期を迎えたメスは、毎日少しずつ卵を産みます。これは時期をずらして産卵することによって、少しでも多くの卵をふ化させ、確実に子孫を残すための知恵でもあります。

また、メダカの卵が稚魚になり、大人になるまでの期間は約3ヶ月しかありません。短い期間の中で、メダカはさまざまな変化を経て、日々成長を遂げていきます。

そのためふ化後の取り扱いには十分に注意が必要です。少しの環境変化によってショックを起こしたり、エサをうまく食べれずに死んでしまう危険があります。立派な生魚を育てるには、この時期の管理がとても重要なのです。

日々成長していく稚魚たち。3ヶ月かけて、成魚らしい体型へと変わっていきます。

生まれた稚魚は、針のような細い姿から、針子と呼ばれています。

ふ化後1~3日

ふ化後3日くらいまでは、お腹に蓄えた栄養で大きくなるためエサは食べません。3日後からは、食欲旺盛になります。この時期にエサをうまく食べれない稚魚は死んでしまいます。

ふ化後7～14日

この時期は、針のように小さいことから針子と呼ばれます。ふ化から14日を過ぎれば、エサをたくさん食べ、どんどん成長していくはず。最難関は突破したとはいえます。

ふ化後1～3ヶ月

1ヶ月を過ぎると形もメダカらしくなり、稚魚と呼べるようになります。3ヶ月頃には、体型やヒレの形も立派になってきます。またメスの体では、産卵の準備が始まります。

ふ化直後の稚魚に要注意

メダカの卵がふ化するまでの日数には、水温が大きく関係していると考えられています。水温が理想の25度であれば産卵から約10日、少し低めの20度なら約13日が経過するとふ化し始めます。メダカはふ化したあと、3日くらいは卵胞という栄養素をお腹に蓄えているので、エサは食べません。また、ふ化後3日〜14日くらいの小さな稚魚を「毛子」と呼びます。この期間は要注意。うまくエサを食べられない稚魚が、死んでしまう危険な時期でもあります。野生のメダカも同様、稚魚のときにエサにありつけないと他の生物に食べられ、死んでしまうのです。

対処法として、毛子にはできるだけ粒子の細かいエサを与えるようにしましょう。冷凍のワムシなどもおすすめです。さらに稚魚は消化管が短いため、小さい間は親よりも食事の回数を多くする必要があります。2時間おきくらいにエサを食べられる環境がベスト。細かなエサを数回に分けて与えることで、稚魚の生存率は大幅に上がります。

稚魚の大きさに注意

ふ化後14日を過ぎると、稚魚は毛子から針の先ほどの大きさになるため、針子と呼ばれます。ここまで育てば最難関は突破したといって良いでしょう。まだまだ安心はできませんが、これからどんどん成長を遂げていくはず。エサやりの間隔も、成魚になるにつれて徐々に広げていきます。

ふ化後1ヶ月ほど経つと、体の大きさにばらつきが出てくるので、極端に違いがある場合は、アミですくって別の水槽に移します。これは、大きな稚魚に小さな稚魚がいじめられたり、エサを食べられずに死んでしまうのを防ぐため。また、同じ時期に産まれた稚魚の中でも他の稚魚に比べて、明らかに育ちの悪い個体が現れることがあります。この場合は、弱視系メダカやスモールアイの可能性があるため、すぐに別水槽へ移動。弱視系ならランプを当てながら細かなエサを与え、スモールアイなら細かいエサを頭の近くで与えるようにします。

特長は成長の過程で決まる

メダカの特長は、細胞分裂が盛んな卵や稚魚時代の飼育環境によって決まることがほとんどです。一般的に美しいとされる体型をしたメダカを作るのであれば、早い段階で水温やエサなどの管理をする必要があります。

背骨はまっすぐなのがポイント。さらに元気が良く、ふっくらとした形が理想です。

メダカの習性を知る

メダカは、自然のサイクルに合わせて生活します。より効率良く飼育をするためには、その習性を利用すると良いでしょう。

メダカの習性に合わせて育てるのが一番

本来のメダカは池や沼、河川などの淡水に生息し、田んぼに住む魚としても昔から親しまれてきました。流れの緩やかな陽だまりには、水草や苔などがあり、エサとなる微生物がたくさんいるため、多くのメダカを見ることができます。一方で、メダカは他の淡水魚に比べて塩分への耐性が高く、海や湖近くの河川下流域でも生息することができる魚です。

エサはミジンコや植物性プランクトンなどを好んで食べますが、雑食性なため、どんなものでも食べる習性があります。しかし、中にはメダカに対して毒性の強い食べものもあるので、与えるときには十分に注意してください。

メダカは光に集まる

エサとなる浮遊生物が豊富な光のある場所に、メダカは集まります。この習性を利用し、弱視系メダカ(アルビノなど)にエサを与えるときには、囲りを暗くし水面に光を当て、集まったところで食べやすい細かなエサを与えるようにします。またスモールアイは目が見えないため、光に集まることはありません。

春にたくさん卵を生む

冬眠を終えたメダカは、暖かくなる春から夏にかけて産卵期を迎えます。その季節の変化をメダカは、水温や日照時間によって感じとります。つまり、冬眠から産卵期までの流れを水槽内で擬似的に作り出すことができれば、一年中繁殖させることが可能になるのです。しかし、自然に任せた繁殖が一番だということを忘れてはいけません。

卵をお腹に抱えた、白幹之メダカ

卵をお腹に抱えた、ピュアホワイトダルマメダカ

メダカにも性格がある

メダカは、一定数の仲間が集まると群れになって泳ぎます。これは、生き延びるための知恵であり、持って生まれた性質です。しかし、たまに群れに入らない一匹狼ならぬ、一匹メダカが現れることがあります。これはメダカにも持って生まれた性格があるということを意味しています。また、群れには力関係が存在し、大きな群れになるとボスが誕生します。

太陽とともに寝起きする

自然界のメダカは、日の出とともに活動を始め、日が暮れてあたりが暗くなると段々動きが鈍くなり、夜には眠りにつきます。

また、水温が下がる冬には冬眠をし、気温が上がり始めると目覚め、春から夏にかけては活発に繁殖活動を行います。自然のサイクルに合わせて生活するメダカにとって、そのリズムが崩れるということは大きな負担になるのです。

プロが教える

生態に関するQ&A

メダカの生態に関するさまざまな疑問を、プロの視点からわかりやすくお答えしていきます。

Q インテリア的に模様替えを兼ねてメダカを白い鉢に入れたら、体の色が薄くなった気がします。気のせいでしょうか？

A めだかは、うろこの部分に保護色機能を持っています。そのため、容器の色によって多少体色が薄くなったり濃くなったりするのです。模様替えする前の容器に入れることで、もとの体色に戻ります。

Q メダカの色を上げたいのですが、稚魚から黒い容器で育てるべきですか？　成魚からでもいいですか？

A 黒い容器で育てたほうが、メダカの色は濃く発色します。しかしその個体が持っている色は変わりません。もちろん白い容器に入れると保護色機能で色が薄くなります。このため稚魚・成魚関係なく、黒い容器で育てたからといって体色が濃くなるわけではありません。

Q 本やサイトを見ていると、同じ種類のメダカに見えるのに、呼び名がいくつもあるように思えます。どうしてですか？どの名前が正しいとかあるのでしょうか？

A メダカの種類名は、正式には決まっていません。そのため本やサイト、ショップによっても名前が違ってきてしまうのです。どの名前が正しいなどはないので、この本を参考にして特徴などから見分けていくと良いかもしれません。

Q シロメダカとスノーホワイトは同じ種類ですか？

A ピュアホワイトとスノーホワイトは同じです。白メダカには3種類あると考えてください。白メダカ（シルキー）のメスは純白ですが、オスは黄色と白の遺伝子が混ざってクリーム色をしています。

白メダカ（ミルキー）はオスメスともに純白ですが、稀にオスのヒレに黄色の色素が見られることがあります。

白メダカ（ピュアホワイト）はオスメスともに純白ですが、オスのヒレに黄色の色素が見られるということはありません。ピュアホワイトはシルキーやミルキーと違い、黄色の遺伝子を全く持っていないため、次世代にも純白の個体のみが生まれてくるのです。

Q ショップなどで売られているメダカの月齢はどれぐらいですか？

A 現物を見てみないと分かりませんが、メダカは成魚の大きさになるまで順調に育っても4か月はかかります。さらに完全成魚といって本来の色を出すまでには、最低6か月は必要と考えられます。個体を見ずに判断するのは難しいですが、成魚よりちょっと小さい個体であれば、生後4か月以内ではないでしょうか。

Q 日本のメダカは絶滅危惧種だと聞きました。近くの池で野性のメダカを見つけたので採取したいのですが、絶滅危惧種なのであれば、野性のものは採取しないほうがいいでしょうか？

A 日本のメダカは、絶滅危惧種を扱うレッドデータブックにも記載された絶滅危惧種の一種です。しかし、絶滅危惧種といっても、〝将来絶滅する可能性がある〟ということで絶滅危惧種に指定されただけなので、採取禁止ではありません。

例えば日本で取れるハマグリも、絶滅危惧種で漁獲量は減っています。しかし採取禁止にはされていません。ただし、保護区や管理地などが指定されればそこでの採取はできなくなり、管理地に至っては許可なく入り込むこともできなくなってしまいます。

メダカの健康診断

column 10

メダカの体調管理は毎日の必須事項です。左記のチェック項目に注意して、ケガや病気のサインを見逃さないようにしましょう。

体全体

- □ 体のフチが白っぽくなっている
- □ 白い斑点がある
- □ やせている
- □ 出血斑がある
- □ 腹部が肥大している

行動

- □ ぐるぐると同じ場所を回るように泳いでいる
- □ 水槽の底にじっとしている
- □ だるそうに泳いでいる
- □ 元気がない

目

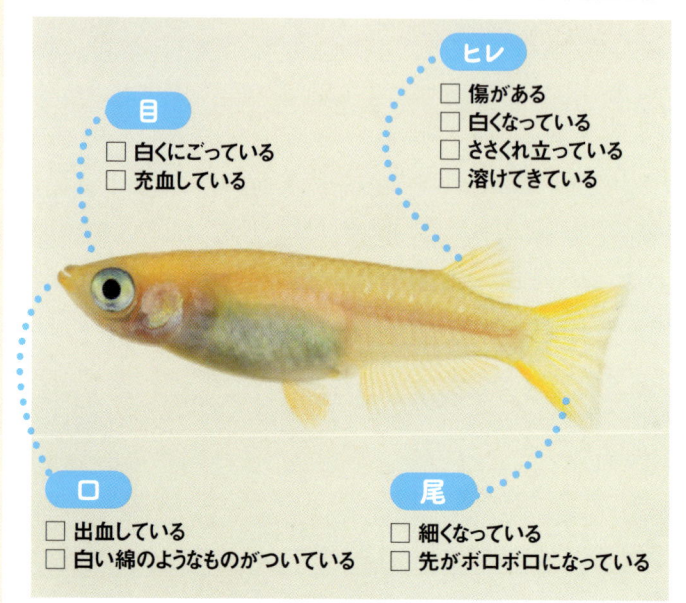

- □ 白くにごっている
- □ 充血している

ヒレ

- □ 傷がある
- □ 白くなっている
- □ ささくれ立っている
- □ 溶けてきている

口

- □ 出血している
- □ 白い綿のようなものがついている

尾

- □ 細くなっている
- □ 先がボロボロになっている

※1つでもチェックがついたら病気を疑ってみましょう。
病気に関する詳しい説明はP145～157で紹介しています。

健康を保つPOINT

稚魚用のエサで栄養をとる

粒が細かい稚魚用のエサを成魚になってからも与えましょう。粒が細かいので食べやすく、栄養も豊富なので、ふっくらと艶良く育ちます。

詳しくはP121～131へ

命水石で良い水質をキープ

酸素やミネラル分を放出する命水石。多孔質なので、水の汚れを吸着し分解してくれます。水槽に入れて、水質キープに役立てましょう。

詳しくはP62へ

塩で病気を予防

病気になる前に、ミネラルを多く含んだ塩を入れて、病気予防を心がけましょう。塩の濃度は0.5％くらいが理想です。

詳しくはP154へ

メダカの病気

第6章

メダカにとって病気は一大事。
もちろん治療すれば治る病気もあります。
しかし、きちんと対処しなければ、それが致命傷と
なって死んでしまう場合もあるので注意しましょう。

※写真のメダカは健康なメダカです

メダカの病気を知る

**メダカの病気は早期発見、早期治療が大切です。
正しい知識を身につけて、元気なメダカに育てましょう。**

病気を見つけたら すぐに隔離しよう

メダカが病気にかかるということは、とても大変なこと。特に、閉鎖的な水槽で飼育している場合、病気のメダカを放っておくと、他の元気なメダカに病気が感染し、一気にたくさんのメダカが死んでしまいます。目に見える症状が出たり、おかしいと思う行動を見せたら、すぐにそのメダカを隔離し、治療してください。治療用の水槽には、専用の薬や塩を入れると良いでしょう。

また、病気にかかってしまう前の予防も忘れてはいけません。効果的な対策としては、水槽立ち上げ時に塩を入れる方法があります。この予防だけでも、病気の発生率が低くなるはずです。

病気は予防が大切

病気の症状が出たときには、すでに手遅れの場合もあります。ともかく、メダカが病気にかからないように予防することが一番。効果的な方法として、水槽立ち上げ時から水に塩を加え、その中でメダカを飼育します。もちろん、それだけでは病気を完全に防げないので、普段からこまめに観察することも重要です。早い段階で病気に気づき、隔離することができれば、集中的に治療を行えます。

注意

予防のための注意点

- □ **水質を悪化させない**

メダカが病気になる一番の原因は、水質悪化です。過密飼育は避け、水換えを定期的に行いましょう。

- □ **エサを与えすぎない**

肥満などの病気を引き起こす原因。また食べ残しから水質を悪化させてしまいます。

- □ **メダカに傷をつけない**

メダカを直接触ったり、頻繁にアミですくう行為によって、体表に傷がついてしまう危険性があります。

先生からの
アドバイス

薬物使用の賛否について

最終的な治療法として、薬剤治療を行います。しかし、小さなメダカに薬剤を使用することに抵抗を感じる方も多いはず。治療を行う前に、よくご家族と相談してから薬剤使用を決めてください。

治療に使う薬と塩

**ペットショップなどでメダカの病気専用薬剤が売られています。
塩はスーパーなどで市販されているものでOKです。**

グリーンF

尾ぐされ病や白点病、水カビ病の治療に効果があります。水草にも優しい薬品です。

メチレンブルー

尾ぐされ病や白点病、水カビ病の治療に最適。水槽内でよく混ぜてから使用します。

マラカイトグリーン

尾ぐされ病、白点病、水カビ病の治療に。また、消毒薬として外傷にも役立ちます。

治療に使う塩

ミネラル分を多く含んでいるものを選びましょう。岩塩や粗塩などがおすすめです。

塩水浴の手順

1 大きめの容器を用意する

治療するメダカの数に合わせた量の水が入る容器を用意。（1匹1リットルが基準）

2 作っておいた水を入れる

水道水を1日くみ置きした水か、中和剤で中和させた水を使います。

3 適切な量の塩を入れる

適量を守り、水1リットルに対し、5グラムの塩を溶かし入れます。

4 メダカを入れる

メダカを傷つけないよう、静かに入れます。また治療期間中は、エサを少なめにします。

5 徐々に塩分濃度を薄める

メダカが元気を取り戻したら少量ずつ水換えをし、徐々に塩分濃度を薄めていきます。

CHECK

**塩と薬を
混ぜるのはNG**

薬は単体で効果を発揮するようにできています。そのため、塩など他の物質と混ぜ合わせることで予想外の反応が出ることも考えられます。早く治療したいからといって、混ぜて使わないようにしてください。

CHECK

**元気になっても
完治しないことも**

塩水浴をすれば必ず完治するとは限りません。被害の増大を防止する効果はありますが、水換え後にまた病気が発生することもあります。また、治療しても治らない病があるということを覚えておいてください。

健康個体と衰弱個体

病気なのかを見分けるには、まず健康個体と衰弱個体の差を知る必要があります。日頃からメダカをよく眺め、気を配るようにしましょう。

健康

ハリのある イキイキとした体

健康個体の体には、頭の先からヒレの部分までしっかりと栄養が行き届いています。そのため、体にハリとツヤがあるのです。水槽内を元気いっぱいに泳いでいるのも特長です。

- □ 体にハリがあり、体色にもツヤがある
- □ ヒレが先まできれいに伸び切っている
- □ 食欲旺盛で、エサの食い付きも良い
- □ 元気良く、水槽内をイキイキと泳いでいる

健康個体に育てるコツ

ミネラルやタンパク質などを多く含んだエサを与え、栄養補給を行ってください。水槽の水に塩を混ぜるのも良い方法です。次に、水温をだいたい30度くらいまで上げます。急に水温を上げるとメダカにストレスを与えてしまうので、1〜2度ずつゆっくりと上げていくのがコツです。また病気などが原因で衰弱しているときは、隔離したあとに薬浴や塩水浴などの治療をする必要があります。症状を見て、早めの対処を心がけてください。

毎日の観察をしながらメダカの健康チェック

毎日観察しながら、何気なく健康チェックを行うことで、メダカの異変に気付ける目を養うことができます。まず体のハリとツヤに注目してください。健康個体と衰弱個体では、体のハリとツヤに大きな差があります。また、ヒレにも注意が必要です。栄養が行き届いてる個体であればヒレがパッと広がり、先まできれいに伸びていますが、衰弱個体は栄養がヒレまで行き届かず、小さくすぼまっています。

他にもエサを与えたときの食い付き方や、水槽内での行動にも変化があるはず。小さな異変ですが、メダカの体調を見極めるための重要なポイントとなります。

先生からの
アドバイス

衰弱個体から健康個体になるの？

なります。例えば冬眠の時期が終わり、水面に上がってきた4月頃のメダカは、栄養不足により衰弱し、やせ細っています。しかし冬を越せた個体は、もともととても強い個体です。きちんと栄養を与え、高温管理をすれば、健康個体に戻ることができます。

衰弱

全体的に小さくやせ細った体

衰弱個体の特徴は、やせ細っていること。全体に栄養が行き届いていないため、ヒレなどが小さくすぼまっています。体にハリツヤがなく、水面でじっとしたり、フラフラ泳いでいます。

□ 体にハリがなく、体色にもツヤがない
□ ヒレに栄養がいかないため、縮まっている
□ 食欲がなく、残しエサも多い状態
□ 水面でじっと浮いたり、フラフラと泳ぐ

衰弱の原因

衰弱の原因として一番多いのは、水質悪化です。過密飼育や水換えを怠ることによって水質を悪化させ、病気を発生させてしまいます。エサの与え過ぎによる残しエサも、水質悪化を早める原因のひとつです。また、頻繁にメダカをすくったり、乱暴に移動させるのも危険。体表に傷がつくことで、病原菌に感染しやすくなります。他にも、エサを上手に食べれていないなどの原因も考えられるので、エサの見直しも検討しましょう。

CHECK

衰退の原因

- □ メダカの数に対して、小さな水槽で飼育している
- □ 水換えや別水槽への移動時に、水合わせをしていない
- □ 水換えやフィルターの掃除をしばらくしていない
- □ エサを与え過ぎている。または、残しエサが多い
- □ メダカを乱暴に扱ったり、乾いた手ですくい上げている

ヒレのふちが白くなり、全体的に体色が薄く、白っぽくなる。

メダカがかかりやすい病気

メダカは人間と同じような病気にかかります。ただし、人間なら治る病気でも、メダカにとっては命に関わる大病となってしまうのです。

体の状態を見極めて正しく治療する

メダカの寿命は2～3年です。その間に病気にかかってしまう個体も出てくるはず。もし伝染病にかかってしまえば、一気に水槽内で病気が蔓延してしまいます。病気は見た目で判断するしかありません。常にメダカの行動に気を配りましょう。また早期治療を行ったとしても、治る病気と治らない病気があります。

例えば、メダカがかかりやすい白点病や水カビ病、尾ぐされ病は早い段階での適切な治療によって治る確率は上がります。しかし過抱卵や転ぷく病、立ち泳ぎ病は対処法などがなく、治すことができません。メダカの症状をよく見極め、正しい治療を行いましょう。

病気をうたがう気になる行動

いらいらした様子で泳ぎ回る

突然、イライラしているように泳ぎ出すことがあります。脳疾患、心疾患が疑われますが、病気でない場合も。

エラが下に落ちてくる

メダカの2歳は高齢です。このくらいの時期にエラが下に垂れ下がってきたら、老化によるものと考えられます。

身体を水底にこすりつける

急激な水温変化によって、ストレスを感じたメダカが、水底に体をこすりつけるなどの行動を起こします。

早期発見が早期回復につながる

CHECK

病気の原因

- □ カルキ抜きの水を作らずにメダカを入れてしまった
- □ 水合わせをせずにメダカを水槽に入れてしまった
- □ 長い間、水換えやリセットをしていない
- □ フンや食べ残しが水槽内に浮いている
- □ 病気が疑われるメダカと同じ水槽に入っている

メダカの病気の中には、致命傷となる病いもあります。発見が遅れたことによって、いつの間にかメダカが全滅してしまうことも少なくありません。しかし、少しでも早い段階で症状に気づき、治療できれば治せる可能性が高まります。メダカも人間と同じ、早期発見が早期回復に繋がるのです。そのためには、ちょっとした異変にも気づけるよう、毎日愛情を持って観察することが大切なのです。

主な症状と対処法

病名と症状	原因	対処法
元気がない  泳ぎ方に元気がなく、冬場でもないのに水底でじっとしている。	はっきとした原因は不明ですが、風邪が考えられます。水温が低い水槽に、水合わせをせずに急に入れてしまうことで風邪を引いてしまいます。また、風邪のメダカが水槽内に1匹いることで他のメダカにも感染し、最後には全滅してしまう危険性もあります。	まずは、水が汚れていたら水換えやリセットをして様子を見ます。予防策としては、水温の変化によって風邪を引いてしまうので、別水槽への移動時には、必ず水合わせを行ってください。もし治らないようなら、隔離してしばらく様子を見てみましょう。
やせてきた  他のメダカが元気なのに、なぜかやせ細っていく。	はっきりとした原因は不明。消化器系の疾患が考えられます。通常のメダカは適度に太っている個体が健康なため、胴体が細い個体は衰弱している可能性が高いといえます。またメダカの場合、栄養過多によって内臓に負担がかかり、やせ細っていくこともあります。	急激な水温変化や水質悪化が原因かもしれません。水が汚れていたら水換え、もしくはリセットをして様子を見ましょう。やせたからといって、決してエサを大量に与えないでください。症状が悪化する可能性があります。適切な給餌を心がけましょう。

病名と症状	原因	対処法
外傷  体やエラの部分に傷があり、出血をしている。	鋭利なものに体をぶつけたり、ケンカをしたときによくケガをしてしまいます。またメダカの体は弱く、傷つきやすいため外敵から攻撃を受けたことで傷を負ってしまったり、乱暴にメダカを扱うことによって外傷を作ってしまう場合があります。	重傷でなければ、たいていは自然治癒するはずです。しかし体に傷がつくことによって、伝染病などの他の病気を誘発してしまう可能性があります。大きい傷を見つけたら、市販されている専用の消毒薬などを使用して治療を行いましょう。
転覆病  腹部が異常に膨らみ、水中でのバランスが保てずにひっくり返る。	よくダルマメダカに見られる症状の1つ。体がまん丸に膨らんだ個体が発症します。お腹が膨らみすぎたことで水中でのバランスが取れなくなり、その結果ひっくり返ってしまうのです。成魚までは育つ可能性はありますが、泳げないため短命に終わります。	背骨が癒着し、短くなり過ぎていることが原因と考えられます。一度転覆してしまうと治すのは不可能です。予防として普通種のダルマは30度の高温飼育。ヒカリダルマは、低温から徐々に水温を上げていき、キレイな体型に育てましょう。(詳しくはP89へ)
立ち泳ぎ病  頭を上にして泳ぐ。腹部が平らになっているのも特徴的。	浮き袋に異変があると考えられます。ほとんどが稚魚の段階から斜めに傾いたり、生まれつき立ち泳ぎをしている個体もいます。血が濃くなりすぎたことが原因といわれ、同じ親同士をずっと掛け合わせていくことで、この症状を持った子が多く産まれてしまいます。	一度立ち泳ぎ病になってしまうと、成魚になる前には死んでしまいます。また浮き袋が原因なため、対処のしようがなく、治療法などもありません。したがって予防策として、血が濃くなりすぎないように配合を気をつけることぐらいしかできません。
過抱卵  メスのお腹が、ダルマメダカのように異常に膨れる。	お腹の中が卵だらけになって、パンパンに膨れる病気。卵を作っても産むことができないため、どんどん溜まってしまいます。水槽内のオスメスのバランスが悪い場合や、オスがいないことも関係しています。しかしオスがいたとしても過抱卵になるメスはいます。	まずは、水槽内のオスメスのバランスを良くする必要があります。特に、春はメダカの繁殖時期なので要注意。ピンセットなどで卵を引っ張り出す対処法もありますが、ほとんど死んでしまいます。またこの場合は、薬や塩を入れても効果はありません。

病名と症状	原因	対処法
水カビ病（わたかむり病）  別名、わたかむり病。メダカの口やエラに白い綿のようなものがつく。	見た目でも分かりやすい病気。水中に生存する真菌類がメダカの傷口に付着し、繁殖したもの。傷がなく、栄養状態の良い健康なメダカにはあまり発生しません。傷口を広げながら細胞を破壊していくため、病気が進行していくと感染症を併発する恐れがあります。	病気を発症したメダカを見つけたら、他のメダカに感染する可能性があるため、すぐに隔離してください。治療法としては、塩水浴、あるいはマラカイト、グリーンFなどの薬剤が効果的です。水温を30度くらいに設定することで、治療や予防にも役立ちます。
エロモナス病  メダカの体表に出血斑がある。腹部が肥大する腹水病の症状が見られる。	別名、松かさ病。エロモナス菌という細菌が付着することで引き起こされる病気。水槽内の水質や環境が悪化したことによるストレス、または水中の亜硝酸濃度が高くなったことも原因として考えられます。体調を崩した個体がかかりやすい病気の一種です。	完治が難しい病気です。病気が発生したら、まずは他のメダカへの感染を防ぐため、別水槽へ隔離します。その後、塩水浴やグリーンFなどの薬剤を使用した治療を行ってください。さらに隔離前の発症した水槽には、水換えやリセットをする必要があります。
尾ぐされ病  尾ビレが細くなってヒレが壊死したり、ささくれたり、溶けている。	カラムナス菌の寄生、感染によって発症します。ヒレが先のほうから溶け出し、重症になるとヒレにも出血が生じます。泳ぎ方に異変が起きることも。栄養不足や皮膚粘膜が弱くなると発症しやすくなり、グラム陰性細菌による感染症で死亡する確率が高い病気です。	病気になったメダカはすぐに隔離し、塩水浴やグリーンF、バラザンDなどの薬剤を使用して治療します。しかし治療が難しい病気なので、一度専門店で相談してから治療を行うようにしましょう。隔離前の水槽には、水換えやリセットをしてください。
白点病  メダカの目、体表、ヒレに小さな白い斑点があらわれる。	比較的多く見られる病気。繊毛虫（イクチオフチリウス・ムルチフィリス）が寄生したことによって発症する感染症です。伝染性が早く、発見しだい駆除しないと被害が大きくなります。水質、水温の急変により体調が崩れたときに発症しやすいといわれています。	水槽の水やメダカ全体が感染している場合が多いので、水槽水が0.5%の濃度になるように塩を入れるか、メチレンブルー、マラカイトなどの薬剤を使用してください。治癒には早期発見・早期治療がカギとなります。30度くらいの高温管理も効果的です。

プロが実践する 病気対策

飼育のベテランでも、病気対策には手を焼いているはず。メダカを数多く飼育するプロの病気対策を紹介します。

大切なのは病気を予防すること

メダカは本来、強い魚です。しかし、一度病気にかかると完治するのが難しいため、病気予防には一番力を入れます。特に、病気の原因になりやすい水質にはこだわりが必要です。

まずプロが実践している対策として、水槽立ち上げ時に、塩を入れる方法があります。塩にはメダカに必要なミネラル分が多く含まれており、健康で病気になりにくい体を作ることができます。

また大量に飼育するショップの場合、出荷後の病気予防のため、出荷前には必ず1日薬浴をしています。メダカを人に渡すときには必ず1日薬浴してから引き渡してください。

健康個体にするコツ

ふだんから塩を使う

ミネラル分を含んだ塩を、治療目的ではなく普段から水槽水に混ぜると、病気になりにくい健康な体をつくれます。方法としては、ミネラル分が特に多く、栄養価の高い岩塩や粗塩を砕いたものを使用します。塩分濃度は、0.5%くらいが理想。入れ過ぎて海水にならないよう注意してください。

また、全く塩を入れていない水槽で飼育していた場合は、急に塩を入れるとストレスを与えてしまいます。一番良いのは、ふ化用水槽に塩を入れた水を作り、そこで卵をふ化させる方法です。購入してきた場合（成魚）は、少しずつ塩を入れて慣らしていくと良いでしょう。万能薬ともいえる塩は、メダカ飼育に欠かせないアイテムの1つなのです。

健康個体にするコツ

薬浴方法

最初に薬浴をする際は、薬の用法用量を守って、正しく使用してください。適した治療薬が分からない場合は、専門店に相談することをおすすめします。一般的に多いのは、水槽水に薬剤を溶かして薬効成分を吸収させる方法です。このときメダカの様子が分かるよう、透明な容器を用意します。完治後は、様子を見ながら徐々に薬の濃度を薄めていき、もとの水槽に戻しましょう。1日薬浴の場合は、まず水槽水に薬を混ぜ、1日様子を見てからキレイな水に変えます。

健康個体にするコツ

治療中の水温管理

健康個体に戻すためには、水温管理が肝心です。30度くらいの高温で管理することによって、病気の原因となる菌の働きを抑制することができます。もし薬を使用しているなら、説明文を読んでから水温調節を行いましょう。塩水浴のときも、水温を高めに設定してください。注意点として、急に水温を変えてしまうと病気が悪化してしまう可能性があるため、1〜2度ずつ上げるようにします。また治療中は、エサを少なめに与えるのもコツです。

先生からのアドバイス

責任を持って育てよう

水カビ病や尾ぐされ病、白点病などは、過密飼育や水換えをサボったことで引き起こされる水質悪化が原因となって発症する病気です。つまりその原因は、飼育者である人間にあります。人間が原因となって発症する病気はさまざま。少しの気配りで、メダカが病気にかかる確率は格段に低くなるのです。小さなメダカですが、1匹1匹命があるということを忘れてはいけません。飼育を始めた以上、責任を持って最後まで育てることを心がけてください。

プロが教える

病気に関するQ&A

メダカの病気に関するさまざまな疑問を、プロの視点からわかりやすくお答えしていきます。

Q メダカが毎日、1～2匹ぐらいずつ死んでしまいます。エアレーションもしていますし、フィルターも利用しています。水温も特に問題な温度ではありません。死んだメダカにはとくに病気のような外傷はみられません。水槽は60㎝水槽で、メダカは数十匹飼っています。何か問題があるのでしょうか？

A 質問の文章だけで判断することは難しいですが、メダカが死んでゆく一般的な原因には酸欠・餓死・水質の変化・寿命などがあります。

この質問者の場合、エアーレーションをしているので酸欠は考えにくいのですが、ある種のプランクトンが異常発生した場合、メダカのエラにそのプランクトンが貼り付いてしまい、呼吸を妨げるということもあるようです。

また、毎日1～2匹ずつ死んでゆくことから、死んだメダカが痩せているようなら、弱い個体から死んでしまう餓死が考えられます。しかし、そのような状況であれば、生きている個体群も痩せているはずです。生きている個体群が痩せていなければ、水質の悪化が考えられます。水質悪化の場合、生きている個体群もなんとなくゆっくり泳いでいたり、エサ食いが細かったりします。

対策としてはまず3分の1の水換えをします。その後、2～3日様子を見て、状況に変化がなければ水槽のリセットを行ってください（リセットのしかたはP70参照）。それでも状況が変わらなければ、表面に現れない病気、あるいは寿命と考えるしかありません。

メダカの寿命は2～3年と言われてますが、一年中水温を高くしたまま繁殖行動を続けさせると、寿命が短くなり一年以内で死んでしまうこともあります。

Q 過抱卵になるのはどういう場合ですか？　またを防ぐ方法はありますか？　過抱卵の意味も教えてください

A 過抱卵とは、たぶんメダカの卵詰まりのことだと思います。卵詰まりの原因ははっきりとわかりませんが、メダカにはよく起こる事例の1つです。

おそらく産卵管が細い、太りすぎで脂肪が産卵管を圧迫している、産卵を促す筋肉の力不足などの異常や、繁殖期に相性の良いオスがいないなどが考えられます。

細菌感染症などと違い、原因がわかりにくいため難しいのですが、屋外の太陽光の下で元気に泳ぎ回っているメダカには発生が少ないようです。このため、室内飼育で発生することが多いように思います。

発生してしまった個体は、ほぼ治らないと考えてください。発生させない努力としては、日光の当たる屋外飼育、過密飼育にしない、水質の良い水槽で元気に泳がせるなどがあげられます。

Q 薬浴をして病気が完治した子を、元の水槽に戻しても大丈夫ですか？

A 完治しているのであれば、戻しても問題ありません。ただし、いきなり戻すと急激な環境変化によって、体調をまた崩してしまう個体も出てくるはず。そのため、少しずつ水槽内の薬の濃度を薄くしていきます。手順は、ほぼ水換えと同じ。薬浴した水槽内の水を3分の1ほど抜き、カルキ抜きした薬の入っていない水と入れ替えます。これを2週間に1回ずつ行い、序々にもとの水槽に入っていた水と同じくらいの透明度に戻していきます。完全に水槽水が透明になったら、もとの水槽にメダカを戻しても大丈夫です。

水槽の中で元気に泳ぐメダカ達

おわりに

私の夢は、メダカを飼育している方々のよき参考になること。そして世界でもまれにみる、日本独特の美しい色合いを持つメダカを日本だけでなく世界にも普及させていくことです。

メダカ飼育のプロとして、私がメダカに特化した飼育方法を長年模索してきた中で知り得た研究結果を本書で紹介しました。

また、日本中のメダカ専門店を巡り、多くの飼育者やブリーダーと出会い、話を伺う中で知ったことは、本書を制作するにあたりとてもよい参考となりました。

皆様のご助力があってこの本は完成しました。この場を借りてお礼申し上げます。

私の敬愛するメダカのパートナーである丸橋俊雄氏、そして、メダカ飼育を始めた愛娘、千代と千花にこの本を捧げます。そして、この本を手に取ってくださった皆様が、メダカの飼育をより楽しんで頂くとともに、もっとたくさんの人々にメダカの飼育を広めてくださったら嬉しいです。

めだかやドットコム　青木崇浩

監修者

青木崇浩（あおき・たかひろ）

1976年東京生まれ。中学生時代にクラスでメダカを飼育したことをきっかけに、メダカに魅了される。大学卒業後、改良メダカと出会い、本格的にメダカの研究を始める。2004年にメダカ総合情報サイト「めだかやドットコム」を立ち上げ、日本全国に改良メダカの素晴らしさ、楽しさを紹介。多くのメダカ愛好家に支持され、日本改良メダカ普及の第一人者として知られる。現在、野生の川メダカは絶滅危惧種に指定され、この現状を憂いさまざまな保護活動を積極的に支援している。将来的には世界にメダカのかわいさ、美しさを広める夢を抱いている。

めだかやドットコム　http://www.medakaya.com/

企画・編集　http://naisg.com
　　　　　　松尾里央　阿部真季
編集協力　三橋利江
執　　筆　湯浅綾華
デザイン　CYCLE DESIGN
写　　真　川上博司、小坂 健（メダカクルー）、中島佳弘
イラスト　那須盛之

撮影協力　遊誘工房（群馬県太田市新島町359-1 TEL・0276-49-0054）

写真提供　めだかの館

日本一のブリーダーが教える

メダカの育て方と繁殖術

2013年 6月 1日　初版第 1刷発行
2021年12月20日　初版第12刷発行

監修者　青木崇浩
発行者　廣瀬和二
発行所　株式会社 日東書院本社
　　　　〒113-0033　東京都文京区本郷1-33-13　春日町ビル5F
　　　　TEL・03-5931-5930（代表）　FAX・03-6386-3087（販売部）
　　　　URL・http://www.TG-NET.co.jp
印刷・製本　大日本印刷株式会社

ISBN 978-4-528-01742-9 C2062